诸暨王冕石

诸暨市文学艺术界联合会
诸暨市书法家协会
编

杨曙 主编

西泠印社出版社

《诸暨王冕石》编委会

编委会主任：杨国忠

副　主　任：蔡　英　杨　曙

编　　　委：（按姓氏笔画排序）

毛康乐　江绍均　阮益青　杨伟霞　杨国忠

杨　曙　邱金国　应君珺　陈益东　陈黎伟

孟建安　赵天飚　赵玉君　郦　挺　郦洪奎

袁　棋　钱鸿波　斯华良　蔡　英

主　　　编：杨　曙

执行主编：邱金国　赵天飚　斯华良

编　　　务：陈　坚　宣赵建　胡佳锋　楼建锋

封面题字：赵雁君

封底篆刻：何涤非

摄　　　影：冯　斌

美术编辑：边剑荣

傳承王冕篆刻藝術
弘揚諸暨印石文化

周國富

目录

序

杨建新

诸暨地处浙江东南，田园纵横，山水相间，东连会稽山，西抱龙门山，北邻萧山柯桥，南靠浦江、义乌、东阳，浦阳江由南向北越境而过。千百年来，这片2300多平方千米的锦绣河山，以它富饶的蕴藏和丰硕的产出，不仅滋养了一代又一代的诸暨人，也为诸暨的人文发展提供了广袤的沃土。

诸暨置县于秦代，是中国最古老的历史文化名城之一，可谓物华天宝，人杰地灵，自古以来便是名人荟萃，群贤辈出。元明时的王冕、杨维桢、洪绶即为其中的代表，被后人称为“诸暨三贤”。他们以自己高深的文学和绘画造诣，以及对于中国文学艺术发展的卓越贡献，在中华文化史和中国美术史上，都留下了不可磨灭的印记。

王冕为元代诸暨枫桥人。他不仅是诸暨先贤的重要代表，也是中国文化艺术史上具有象征意义的人物之一，他独树一帜的墨梅画和脍炙人口的咏梅诗，人们都耳熟能详。作为农耕时代耕读文化的士子代表，王冕在诗歌、文章、绘画、书法、篆刻等诸多艺术领域，都有独到而卓著的建树，尤以勤奋好学、恪守气节、不媚权贵、体恤百姓、甘于清贫、不谋名利的品德和操守，成为传统读书人的楷模，对后人影响甚远。

对于王冕，人们更多关注的往往是他的诗文和绘画，其实在中国的金石篆刻史上，王冕也是一位里程碑式的人物。中国的篆刻艺术源远流长，至少可追溯到3000年前，已有出土的战国古玺可为依据。如果以陶印为源头，则可追溯到更加久远。历经千年的流变演进，篆刻艺术代有相传，不断发扬光大。至唐宋时，由于书法和绘画艺术的发展，也促进了玺印制作的进步，不仅钤盖印章渐成风气，也使得早先以实用为主的玺印逐步向篆刻艺术发展。然而，早先的玺印使用的材料多为铜、铁等金属或是玉石玛瑙。金属玺印需用浇铸或者凿刻等手段，工序复杂，而玉石玛瑙也因质地坚硬，镌刻不易。故早期的玺印往往由专门的工匠制作。至元明时，篆刻艺术迎来了革命性的变化，一是人们发现并开始以叶蜡石为章料刻制印章，二是不少文人、书画艺术家自己动手进行篆刻创作。叶蜡石硬度适宜，石质细腻，易于奏刀。而文人艺术家治印，跳出了传统工匠的局限，使方寸之间呈现出无穷变化，对于篆刻艺术的发展起到了极大的推动作用，直接带来了明清时期篆刻艺术流派纷呈的繁荣局面，其间的标志性人物就是王冕。迄今学者一般公认，元代文人用叶蜡石治印自王冕始。明代镏绩《霏雪录》称："初无人以花药石刻印者，自山农（王冕别号）始也。"《清稗类钞》载："元末，王冕始以花乳石刻印，是为石印之始，至本朝而采者甚多。"后人邓散木、沙孟海等大家也均采此说。我以为，虽然有古籍和传说为据，要真正考证出谁是以叶腊石刻章的第一人是很难的，但大家约定俗成以王冕为文人治印之始祖，主要还是因为他对中国篆刻艺术的贡献良多吧！

说到诸暨人对中国金石篆刻的贡献，自王冕之外，远不止一人。之前便有南宋的王厚之和赵希鹄等人。前者为著名金石学家、语文学家、理学家和藏书家。其修古好学，静思博考，深通篆籀，有《复斋印谱》《钟鼎款识》等著作存世。后者系宗室之后，为著名书画家和鉴赏家。其所著《洞天清禄集》对文房清玩之物包括金石学之中青铜器物与古代石刻等的考证、品评、鉴赏，迄今仍为鉴赏研究者的案头指南。至清代，金石篆刻达到中国历史上的高峰期，有两个诸暨人是不能不提的：一是屠倬，嘉庆进士出身，精诗词书画，擅金石篆刻，乾隆时，钱塘人丁敬创"浙派印学"，后有"西泠八家"继起，屠倬为八家之后浙派篆刻的重要传承者，其作品见于《团云书屋藏印谱》《乐只室印谱》等；二是钟权，博学多艺，工书法，精篆刻，其风格追秦宗汉而又博采众长，自成一家，为浙派印学承前启后的重要人物之一，有《漱石轩印谱》八卷存世。及至当代，被沙孟海先生誉为诗、书、画、印"四绝压群伦"的余任天先生，承先贤之文脉而异峰突起，成为一代大家，他的篆刻一宗浙派，初继钟权之风，后追秦汉之迹，再后收汉隶和魏碑之意，独辟蹊径，终成大观。1944 年，余任天在浙南山区的艰苦环境下，创办了"龙渊印社"，传承弘扬中华篆刻艺术，其文化情怀和爱国之志，由此可见一斑。潘天寿、陆俨少、陆维钊等名家无不对余任天的人品和艺术造诣推崇备至。

值得一提的是，2009 年 9 月，联合国教科文组织通过了我国由西泠印社领衔提出的申请报告，将中国篆刻列入人类非物质文化遗产代表作名录，这标志着作为中国优秀传统文化重要代表的篆刻艺术，被公认为全人类的文化艺术瑰宝。

今天，诸暨的后人们正在继承先贤的精神和文脉，为传承弘扬中华优秀传统文化而不懈努力，本书的编辑出版即是他们的实际行动之一。在中共诸暨市委宣传部的指导和诸暨市文联的推动下，诸暨书协、诸暨印社及杨曙先生精心谋划，组织专家对王冕的艺术创作、王冕与中国印学、王冕与文人治印，以及王冕与印石的关系等，做了周详的研究和考据，并将诸暨域内印石矿的分布及印石图片一并收入书中。一册在手，读者不仅可以欣赏到诸暨印石的斑斓和精美，进一步了解诸暨先贤对传承发展中华印学的重要贡献，还可以从一个侧面了解中国篆刻艺术发展的历史，从而更好地激发文化自信，增强对中华优秀传统文化的热爱。这是一件很有意义的事情，也是我乐为写序的原因。

有意思的是，本书名为《诸暨王冕石》，作者的意图显然除了传播金石篆刻文化，也意在隆重推出诸暨的印石。书中对王冕当年刻印所用之“花乳石”是否为诸暨所出也做了考证，且将诸暨之印石定名为“王冕石”。据了解，诸暨所产之印石，与青田、寿山、巴林之印石一样，其矿物学名称都叫叶蜡石。过去人们以为浙江的印石主要出在丽水青田一带。其实叶腊石在我国分布广泛，尤以福建、浙江地区储藏最为丰富，在浙江中南部山区县市多有分布。叶蜡石作为一种重要的矿产资源，可广泛用于耐火材料、陶瓷材料、玻璃纤维以及橡胶制品生产等，而其中只有硬度适中，颜色花纹美观，呈蜡状或半透明状的叶蜡石才是雕刻治印的上佳材料。当然，不同产地的叶腊石印石，其质地、硬度、色彩、颗粒甚至其中的矿物成分都有所不同，因而形成了各具特色的印石及其雕刻技艺和相应的文化。诸暨印石早已有之，但长时间鲜有人知，改革开放后被陆续开发，现发现的石矿主要分布在诸暨赵家镇周边一带。从书中可知，诸暨印石的硬度、石质均适于篆刻，且色彩丰富，自有特色，部分上品甚至呈鸡血和冻石状，想来定会受到篆刻家和爱好者的青睐。至于王冕当年治印用的是否为诸暨石料，还是留给专家们去考证吧。而将诸暨印石定名为“王冕石”，我以为是没有问题的。寿山、青田、巴林、昌化四大国石，均冠以地名谓之，今诸暨印石以当地先贤人名命名，既突出地域特点，更彰显人文色彩，岂不是更好！

期待“诸暨王冕石”在保护生态、合理规划的前提下，进行科学的开采，从而更多地面世，增加文化产业的品类，助推中华印学的发展，促进中国金石篆刻的传承创新。

是为序。

2023/10/12

（作者为西泠印社社员、原浙江省文化厅厅长）

花乳石考

周高宇

花乳石，是元代诗人、画家王冕（？—1359）用来篆刻的一种石头。最早记载王冕这一事迹的文献是明初镏绩的《霏雪录》，笔者梳理了收集到的历代各种文献中关于花乳石的记载并按时间顺序排列如下表：

表1　历代文献中关于花乳石的记载

著作	作者	年代	记载
《霏雪录》	镏绩	明	初无人以花药石刻印者，自山农始也。
《七修类稿》	郎瑛	明	图书，古人皆以铜铸，至元末会稽王冕以花乳石刻之。今天下尽崇处州灯明石，果温润可爱也。
《古印概论》	黄宾虹	民国	会稽王冕，自号煮石山农，创用青田花乳，刻成印章。
《清稗类钞•矿物》	徐珂	民国	花乳石为图书石之一种。天台宝华山所产，色如玳瑁，莹润坚洁，可作图书。元末，王冕始以花乳石刻印，是为石印之始，至本朝而采者甚多。
《辞源》	商务印书馆编	民国四年	花乳石，图书石之一种，天台宝华山所产。
《篆刻学》	邓散木	现代	元末，王冕（字元章，会稽人）得浙江处州丽水县天台宝华山所产花乳石（一名花蕊石，宋代土人曾作器皿），爱其色斑斓如玳瑁，用以刻为私印，刻画称意，如以纸帛代竹简。从此范金琢玉，专属匠师；而文人学士，无不以研朱弄石为一时雅尚矣。
《印学史》	沙孟海	现代	花乳石是一个总名。产自各地，因地得名，名目繁多。主要有青田石、寿山石、昌化石等。
《印章的历史和艺术》	朱家濂	现代	王冕用浙江天台山所产的花乳石刻印，风气一开，石印逐渐流行。
《王冕》	骆焉名	现代	他既有心在印章的材料上进行改革，也就有可能发现可用作刻印的石材。终于在家乡附近安东乡山中（今诸暨枫桥镇北上京村）发现了花乳石，试用效果不错，就开始用花乳石刻印章。
《花乳石、花药石与萧山石臆考》	韩天衡	现代	花乳石即花药石，是一种深赭底色，其间有着星白花的萧山石。

在王冕之前，刻印主要以铜、牙、木、角、玉等为印材。在这些材料上普通人刻制印章具有一定难度，所以刻印这事一般由工匠完成。对印章的制作有兴趣的文人只能参与印文的书写，而把铸印、刻印或者凿印这样加工的环节交给工匠，这种文人参与印文书写的过程是我们现在篆刻艺术的萌芽。对擅长篆书的书法家来说，工匠的加工未必能精确传递出他们对篆书的理解和他们的篆书风格，这是一种遗憾。但对大多数需要用印的人来说，印章只是发挥凭信功能的工具，工匠制作出来的印章足够满足生活中的实际需要，元代及元代之前的用印大多如此而来。

王冕用花乳石入印在印学史上开启了文人自篆自刻的方便之门，开创了明清篆刻流派纷呈、灿烂繁荣的局面，极大地推动了篆刻艺术的前进和发展，因此这一事件在印学史上具有重要的意义。然而，从上表的归纳可以看出历代学者对花乳石产于何处众说纷纭，莫衷一是，特别是民国后的学者对花乳石的考证多为猜测之辞，没有实证。因此，对花乳石的考证，不仅仅可以使我们明了花乳石为何物，产于何地，还可以让我们更加明晰宋代至清代金石学的发展轨迹，元代书法和篆刻等艺术的演变途径。放在历史和社会的大背景中来研究以王冕花乳石入印这一小事件，我们可以豁然发现：王冕以花乳石入印，既是历史的偶然，也是历史的必然。

第一章　花乳石的由来

在明代医学家李时珍（1518—1593）著的《本草纲目》中，关于花乳石的记载为：

花乳石宋嘉祐

【释名】花蕊石。

〔宗奭曰〕黄石中间有淡白点，以此得花之名。图经作花蕊石，是取其色黄。

【集解】

〔禹锡曰〕花乳石出陕、华诸郡。色正黄，形之大小方圆无定。

〔颂曰〕出陕州阌乡，体至坚重，色如硫黄，形块有极大者，陕西人镌为器用，采无时。

〔时珍曰〕玉册云：花乳石，阴石也。生代州山谷中，有五色，可代丹砂匮药。蜀中汶山、彭县亦有之。

【发明】

〔时珍曰〕花蕊石旧无气味。今尝试之，其气平，其味涩而酸，盖厥阴经血分药也。[1]

---

[1]（明）李时珍著：《本草纲目》（金陵排版本），人民卫生出版社，1999 年。

花乳石，最早的文字记载出现在北宋嘉祐年间（1056—1063）由掌禹锡、林亿、苏颂等编著的《嘉祐补注本草》，这本书的出现，是北宋政权鉴于唐代《新修本草》中的“图经”和“药图”已经散佚，加之新药品种日益增多，很多药材真伪难辨而重新修订的医药类书，在当时具有一定的权威性。花乳石作为没有收入过前代本草类书的矿物类药而编入《嘉祐补注本草》，而与《嘉祐补注本草》同期的《嘉祐本草图经》则明确指出当时汴京所用花乳石的产地为陕州阌乡（今河南灵宝），并说明了石性坚重，色泽如硫黄，作为矿物类药，一年四季都可以开采，陕西人采来镌刻为器。北宋末期的名医寇宗奭认为花乳石的得名是黄石中间有淡白点，以此得花之名。至明代，李时珍的《本草纲目》把花乳石解释为花蕊石，其开采的地方扩展至晋、蜀等地。

苏颂编著的《嘉祐本草图经》所载“古方未有用者，近世以合硫黄同煅研末，敷金疮。又人仓卒中金刃，不及煅合，但刮石上取末敷之，亦效”，说明了花乳石的功用主要是用来治疗刀枪伤，具有收敛伤口和止血的功能。

由上述文字我们可以得出结论，中医所用的花乳石、花药石和花蕊石都是以石头的色泽来命名的，至少在北宋花蕊石、花药石和花乳石就已经混用了。花蕊石、花药石中的“蕊”和“药”指的是花的雄蕊的色彩，一般为黄色；花乳石中的“乳”指的是白色的斑点，乳汁通常是白色的。古人对石头的命名，大多以石头的颜色为依据，且有时以含蓄的方式表达，如翡翠、绿松、朱砂、孔雀之类，花乳石的命名，也是如此。石头的整体色彩应该是黄色的，掺杂有白色的斑点，是一种不纯粹的杂色石头。

现在中药店所用的花乳石（图 1），其色相有白色和黄色，和《本草纲目》中对其色彩的描述比较符合。今人对药用的花乳石的分析指出其为：“矿物白云岩（白云石）Dolomite（三方晶系）。主含碳酸钙（$CaCO_3$）和碳酸镁（$MgCO_3$）。”[1] 在中国的主要分布地为河北、山西、陕西、河南、辽宁、浙江、江苏、湖南、四川等省。李大经等编著《中国矿物药》谓：花蕊石，含蛇纹石多少不等的大理石（石灰岩经变质作用形成），其中晶莹的白点为方解石，黄色的花斑或花纹为蛇纹石。

图1　药用花乳石

对于篆刻者来说，一块印石好坏与否首先是石头的刀感，即是否适刀。白云岩的莫氏硬度为 3.5—4，大理石一般为 3—4，蛇纹石一般为 2.5—4，与现在

[1] 谢宗万主编：《本草纲目药物彩色图鉴》，人民卫生出版社，2000 年。

作为印石的叶蜡石（一般为1—2）相比明显偏高，从刀感上来讲偏硬，是不适刀的。笔者找到现在中药店售卖的花乳石，产地为河南，与《嘉祐补注本草》所记载的花乳石产地、色彩和性状等均一致，用刻刀试石，很硬且极难留痕，不适合奏刀。王冕找到花乳石入印，一开始可能是偶尔为之，后来发现这种石头适合篆刻，于是在印学史上留下了他以花乳石入印的这一段记载。花乳石的适刀性，使笔者怀疑王冕入印的花乳石只是借用了前代药书里花乳石或者花药石的名称，以旧瓶装新酒，其实是找到了另外易刻的石头品种，而不是用入药的花乳石篆刻。这两者的联系在于都是有纹路的石头，两者的区别在于入药的花乳石是黄色的有白色斑纹的大理石，入印的花乳石是白色的有斑纹的叶蜡石。

第二章　以花乳石入印的历史背景

从金石学和书法学发展的历史角度来看，王冕以花乳石入印这一事件不是他灵机一动的产物，而是有源之水、有根之木。这一事件是在宋代金石学充分发展和元代书法复古运动的基础上发生的。

处于金石学两个高峰中的元代金石学与篆书书法艺术

众所周知，中国古代金石学经历了两个高峰。第一个高峰出现在宋代，从北宋中期开始的金石考证之学，由于当时的士大夫阶层如刘敞、欧阳修、吕大临、李公麟、赵明诚等的参与便立刻兴盛起来，形成第一个高峰并延续到南宋初期。由于北宋统治者奖励经学，提倡恢复礼制以巩固统治，文人士大夫的兴趣爱好得以提升，通过对青铜器和前代碑刻铭文的著录和考证，从而与古籍记载相对应以证经补史。通过对古代礼器的研究，重新制订和规范礼制及礼器，以求得更好的社会典章制度和道德规范，追求和获得如夏、商、周三代上层建筑的理想化政治制度，以矫治经过唐末五代之乱而失序的社会。在这个阶段，形成了很多有名的金石学著作，如刘敞的《先秦古器图碑》、欧阳修的《集古录》、赵明诚的《金石录》、李公麟的《考古图》、王黼的《宣和博古图》等。该时期的金石学家收集大量出土的青铜器并分门别类确定器物名称，绘制图形和传拓、著录、考释铭文，访求古碑校订文字，对上古文字的了解有了一定的基础。

宋人多习小篆，能篆书者不少，如徐铉、郭忠恕、梦英、郑文宝、章友直、张有、黄伯思等人。由于篆书这种书体的规矩法度，限制了个人性情的发挥，而宋代的书法风气崇尚意韵，故在篆书上用功的人极少，所以没有出现杰出的篆书书法家。

金石学的第二个高峰出现在清代，受乾嘉学派考据的学术方法影响，金石学进入鼎盛时期。乾隆年间曾据清宫所藏古物，梁诗正等奉敕编纂了《西清古鉴》等书，推动了金石研究的复兴。其后有程瑶田的《考工创物小记》、阮元的《积古斋钟鼎彝器款识》、吴式芬的《捃古录金文》、吴大澂的《窓斋集古录》、方濬益的《缀遗斋彝器款识考识》、孙星衍的《寰宇访碑录》、王昶的《金石萃编》、李佐贤的《古泉汇》、冯云鹏与冯云鹓合著的《金石索》等大批有成就的金石学著作面世。清代金石学和宋代金石学相比，研究范围扩大，不仅仅局限于青铜器和碑石，对铜镜、兵符、砖瓦、封泥、甲骨、简牍、明器、各种杂器等开始有专门研究，而且鉴别和考释水平也显著提高。金石学的研究方法和朴学的研究方法，由于考据的关联,在这个时期发生了奇妙而和谐的共振。清末的罗振玉和王国维是集金石学大成的学者。

清代篆书的创作，由于取法的途径多样，出现了很多有创新的大家，使这种规范的书体在创作上带有强烈的个人风格，在复兴的基础上达到了一个新的高度，如吴熙载、邓石如、赵之谦、吴昌硕等，而且很多大家本身就是金石学学者，如孙星衍、吴大澂等。

清代篆刻在继承明代文人流行以石入印的基础上出现了风格各异、流派纷呈的局面，如徽派、浙派等，其繁荣和清代碑学的兴盛是相辅相成的。在清末篆刻艺术的形式与审美体系得以最终形成。清代的篆刻名家不可胜数，出现了丁敬、黄易、奚冈、蒋仁、程邃、巴尉祖、黄士陵、赵之谦、邓石如、吴昌硕等大家，篆刻在清代达到了心手相应、写刻一致的高度。

这两个金石学的高峰，可以说宋代学者重在理论，而清代学者不仅在理论上着力，在实践上以另外一种致用的方式开拓了书法篆刻艺术上的新局面。而处在这两个高峰间的元代金石学，又是一种什么状况?

元代和宋代相比，在金石学上士大夫阶层用功程度不够，但也有一定的金石学著作存世，如吾丘衍的《周秦刻石释音》、朱德润的《古玉图》、潘昂霄的《金石例》等，从新的角度对宋代的金石学成果进行了补充。元代士大夫在金石学上的志趣已经不同于宋代的士大夫，特别是北宋的士大夫。受迫于元代的民族歧视政策，他们研究金石和研习篆隶是为了传承和复兴传统汉族文化，这是一种自发的行为。在宋代，和上层建筑结合得很紧的金石在元人眼里成了提升自身文化素养的清玩。这种改变和传统绘画在元代从行家画慢慢转向利家画的趋势是非常一致的,这或许就是中国传统文人如何实现个人价值和社会价值的方法论“达济天卜，穷善自身”的一种有趣反映。

元代篆书创作和宋代相比，则有很大程度的复苏和普及。在元朝统治的98年间，据不完全统计，留存下来的篆书墨迹有39件，石刻有136件，和宋代的篆书书法相比，不仅在数量上有所超越，而且也有新的表现形式，如有独幅作品、多体合卷作品等，篆书应用的范围也有所扩大，有墨迹、碑铭、题榜、墓志、印章等，有的书画作品上的题跋也用篆书写就。[1]出现这样的局面应当得益于当时书坛的崇尚古法、恢复古法、托古改制的书学思潮，其中赵孟頫（1254—1322）的提倡和力行是重要的原因之一，他使元代书风发生了巨大转折。韩性（1266—1341）《书则序》云 :“夫今承旨赵公,以翰墨为天下倡,学者翕然而景从。赵君仲德,

[1] 蔡梦霞：《元代篆、隶书法研究》，中央美术学院2008年博士论文。

尝请书法之要，公谓当则古，无徒取法于今人也。”他在书法上由魏晋上溯两汉、先秦，广涉行、楷、隶、篆、籀、章草、今草诸体，由于他在元代文人圈的地位，从而影响到各种书体在元代文士中都得到充分的发展。元代篆书名家除了赵孟𫖯之外，还有杨恒（1234—1299）、吾丘衍（1272—1311）、周伯琦（1298—1369）、吴睿（1298—1355）等，这些名家有多幅篆书作品传世。❶ 在这些篆书名家的带领和推动下，篆书的书写在当时普通的文人阶层得到普及。

王冕以花乳石入印是元代书法复古运动在印材上的一种投射

元代的文人已经把篆和刻相关联，这一点值得我们特别关注。赵孟𫖯著有《印史》（已佚），该书汇集了经赵孟𫖯选编的《宝章集古》的汉魏以下印文 340 枚，该书仅留下一篇序言：

> 余尝观近世士大夫图书印章，一是以新奇相矜。鼎彝壶爵之制，迁就对偶之文，水月木石花鸟之象，盖不遗余巧也，其异于流俗以求合乎古者，百无二三焉。一日过程仪父，示余《宝章集古》二编，则古印文也，皆以印印纸，可信不诬。因假以归，采其尤古雅者，凡模得三百四十枚，且修其考证之文，集为《印史》。汉魏而下，典刑质朴之意，可仿佛而见之矣。谂于好古之士，固应当于其心。使好奇者见之，其亦有改弦以求音，易辙以由道者乎？❷

赵孟𫖯编辑该书的目的就是要校正近世文人士大夫所用印章图书新奇流俗的形式（图 2），追求前代质朴古雅的印风。该序是文人篆刻史的开篇，引领了文人士大夫的篆刻方向和审美观。赵孟𫖯不仅是篆刻理论的提倡者，在篆刻实践方面也有所贡献，如写玉箸篆付印工刻元朱文印章。赵的这些存世元朱文印章如“赵氏子昂”（图 3）在“篆尚婉而通”的取法下写得流利婉柔，似乎和赵在《印史序》中提出的质朴的篆刻方向有异，但这种元朱文和当时士大夫用印新奇流俗的时风相比，还是具有古风朴质的特征。

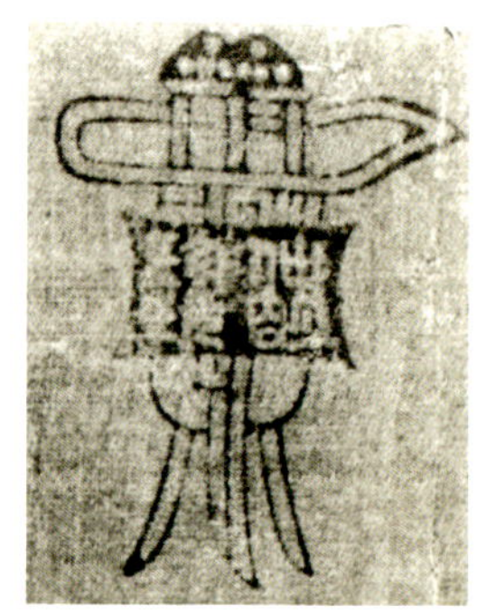
图2　宋末元初流俗章

图3　赵氏子昂

在赵孟𫖯的带动和影响下，到了元代中后期，文人不仅篆写印面文字，而且开始往自篆自刻的方向转变。据文献考证，当时自篆自刻的文人有王冕、顾瑛、吴志淳、郑烨、朱珪、褚奂、卢仲章、李明善等，❸ 篆刻已成为当时的文人雅事之一。

---

❶ 赵氏有《妙严寺记》、《三门记》、《张总管墓志铭》篆首和《六体千字文》（传）篆书部分等作品。周伯琦有《宫学国史二箴》《临石鼓文册》等作品，吴睿有篆书《九歌》等作品。杨恒有篆书《无逸篇》等作品。

❷（元）赵孟𫖯著，黄天美点校：《松雪斋集》，西泠印社出版社，2010 年。

❸ 蔡梦霞：《元代篆、隶书法研究》，中央美术学院 2008 年博士论文。

以石入印在印学史上是有悠久历史的，以玉入印就是以石入印的一种方式，比较有名的一方玉印就是出土于陕西咸阳的西汉时期的“皇后之玺”。印学史上偶尔也用其他石头入印，但像王冕这样主动选择用花乳石篆刻是以前没有的事件，这一点对后来的印人不无启迪。

元代文人用印综述

《中国书画家印鉴款识》共收录了元代近百位文人的用印和款识。根据印文内容，这些印可划分为姓名印、别号印、室名印、词句印、家世印等类型。[1]这些文人用印少的只有一枚，多的有十几枚。超过十枚的有乔篑成、鲜于枢、赵孟頫、王冕、吴睿、杨维桢、柯九思、图帖睦尔。这些文人大都属于江南文人圈。图帖睦尔即元文宗，其情况比较特殊，他收入该书的印章都是收藏章，如“天历之宝”等。他是一位喜欢文艺之事的元代帝王，在位时招柯九思为书画鉴定博士，收藏丰富。乔篑成是元初活跃在杭州的收藏家，他收入该书的印章和元文宗一样，也是钤盖在他的收藏品上的姓名印。剩下的这些文人有些本身会写篆书，如赵孟頫；有些会自篆自刻，如王冕、吴睿；有些和当时的篆刻家交情匪浅，如鲜于枢、杨维桢、柯九思。他们的印章大多用在收藏品的题跋和自身书画作品上。

在中国美术史上，北宋绘画多不落款，即便落款，也往往藏于树石间等不显眼的角落，范宽的《溪山行旅图》即是一例。到南宋，绘画的落款已比较讲究，如李迪在两张《芙蓉图》上的落款。元代画家落款、题字更为讲究，主要因为书画家主体意识的不断增强，特别是大量文人参与书画创作，导致画面内涵逐渐丰富，书画家也往往需要更多的自用印，于是篆刻之风在元代文化重地的江南逐渐流行兴盛起来。

元代的主流印风分为两类：朱文以赵孟頫提倡秦小篆入印的元朱文风格为主；白文以孟頫、吾丘衍提倡仿汉印风格为主。“印宗秦汉”在元代已经成为篆刻的基调，一直延续至今。可从赵孟頫的元朱文印“水精宫道人”（图 4）和吾丘衍的仿汉白文印“吾衍私印”（图 5）得窥元印主体风格一斑。

元人用的印材广泛，对此沙孟海先生有过总结：“隋唐以后，官印钤盖在绢纸上，印型渐大，印材亦有一定的制度，一般官印仍是铜质。宋代官印有用瓷的，则是新兴印材。私印印材有黄杨、檀香、竹根、玛瑙、琥珀、花乳石……取材更广，而主要印材元以前是玉、牙、角，明以后则是花乳石。”[2] 1989 年在浙江的杭州苗圃发掘了元代书法家鲜于枢（1256—1301），出土了鲜

图4　水精宫道人

图5　吾衍私印

---

[1] 这种划分方法参考了沙孟海先生《印学史》一书中的印章分类法，家世印为《中国书画家印鉴款识》编者添加。

[2] 沙孟海著：《印学史》，西泠印社出版社，1987 年。

图6　鲜于枢印章实物照

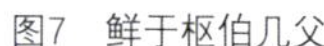

图7　鲜于枢伯几父

图8　伯几印章

于枢用印两方，材质为铜，钮中部穿孔，印面内容为“鲜于枢伯几父”、“伯几印章”（图 6）白文，为鲜于枢常用印，见于存世的鲜于枢的书法作品中（图 7、图 8），收录于《中国书画家印鉴款识》，可见铜材也应用于私印。鲜于枢的用印在上书中有 19 方，但墓葬中出土的只有这两方，可能其他印章的用材是牙、角、木等有机物，时间一长就湮灭了，“金石寿”的含义就在于此。

第三章　以花乳石入印的社会背景

一个人的成长，总是和他所处的环境如父母、长辈、妻子、师生、朋友、对手、晚辈等相互影响和相互作用。一个人的知识、技能及思想的获得，未有不学而能的。王冕的成长，也是如此，真可谓“读万卷书，行万里路”。王冕在“行路”的时候，和哪些人有交往呢？举四个人如下。

赵孟頫和王冕

王冕是如何认识赵孟頫的？从目前的研究成果来看，应该是王冕的老师韩性推荐认识的。韩性的籍贯是相州安阳（今河南安阳），是北宋名臣韩琦之后。他的祖宗在靖康之乱中随宋室南渡。韩琦曾孙韩肖胄在绍兴十年（1140）五月以资政殿学士出知绍兴府，偕弟肯胄、膺胄定居越城绍兴，韩肖胄终老后安葬在会稽县太平乡日铸岭。韩性是左司郎中韩膺胄之后。

相州韩氏是书香门第，簪缨世家，南宋宰相韩侂胄也同出一脉。韩性为浙东大儒，精性理之学，推崇程朱，可惜遇上了宋元更替，生不逢时，一生的大部分时间都在位于绍兴城内蕺山的韩氏私塾（元时称“相韩旧塾”）中培养韩氏子弟和其他学生。他有名的弟子除了王冕之外，还有月鲁不花、李齐、夏泰亨等。王冕拜入韩性门下的时间没有记载，据骆焉名先生考证，应当在王冕具有独立生活能力之后才会成行，大致在元大德纪年中期，[1]因为王冕的老家诸暨枫桥镇距离绍兴尚有三十多千米路程，在那时的交通条件下陆行需一天时间，年纪太小不适合远行求学。

韩性的父辈和赵孟頫很有渊源。赵孟頫的姐姐赵孟家嫁给了会稽韩巽甫。[2]韩巽甫又为韩性的世父。赵孟頫作为韩性的长辈，其对韩性的影响体现最明显的就是书法。在“孟頫为善夫写”的《竹石幽兰图》[3]后有韩性的一段跋（图 9）：“古人善画者，必能画点墨作蝇，便自有生意。松雪翁兰石，草圣飞帛笔法皆具，可宝也。安阳韩性。”赵孟頫年长韩性才 13 岁，韩只有临写赵的手迹才能形成这样一手的赵体风格，由此可见赵对韩的影响之深。在此我们不得不感慨赵孟頫在当时巨大的社会影响力。

《石渠宝笈》载赵孟頫所画《兰蕙图》[4]有一段落款：“王元章，吾通家子也，将之邵阳，作此《兰蕙图》以赠其行。大德八年三月廿三日子昂。”[5]“通家之好”的意思是两个家族世代交往友好，“通家子”则说明王冕的家族和赵孟頫的家族有过来往，并且王冕的辈分比赵孟頫低。[6]如果这幅画上的题跋为真的话，大德八年（1304）王冕出发去邵阳之前应该和赵孟頫在杭州见了一面。这种见面应该由熟人介绍才会成功，因为两者年龄相差太大，如果以王冕是 1287 年出生计算，那时候王冕才 18 岁，赵孟頫已经 51 岁了。在碰面中赵和王至少就家世进行过深入的交流。赵当时在杭州，担任江浙儒学提举。无论是在辈分、年龄、学问、地位上，赵都是王的长者，是王仰望的人物。我们已经无从得知这次会面的具体细节，但赵孟頫作为长辈作了一幅《兰蕙图》赠送给王冕，大概期待着王冕这位后辈在以后的

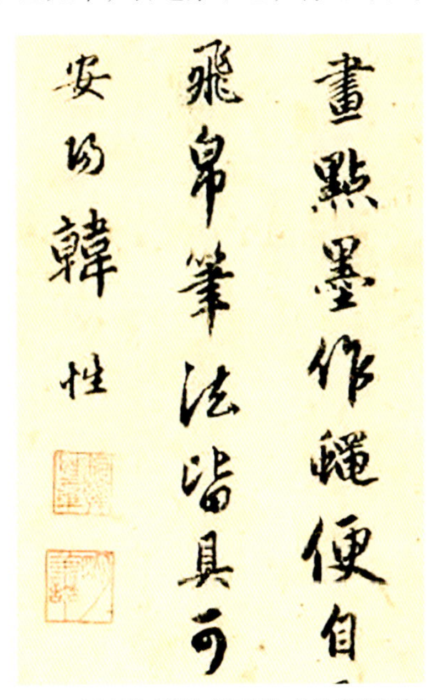

图9 赵孟頫《竹兰幽石图》韩性题跋局部

---

[1] 骆焉名著：《王冕》，海风出版社，2003 年。

[2]（元）赵孟頫著，黄天美点校：《松雪斋集》西泠印社出版社，2010 年。

[3] 该图现藏于美国克利夫兰艺术博物馆。

[4] 该图现寄藏于美国旧金山亚洲艺术博物馆，实物及照片未见。

[5]（清）张照、梁诗正等撰：《石渠宝笈》，上海古籍出版社，1991 年。

[6] 据黄齐辉先生考证，在南宋初平定秀州邵青叛乱的过程中，王冕的祖先王德元和赵孟頫的祖先赵子偁有交集。见毛登科《王冕交游考》，科浙江工商大学 2013 年硕士论文。

日子里是一位如兰蕙般高尚而雅致的人中君子。

在王冕的《竹斋集》中，关于赵孟頫的诗有两首《题赵松雪关北小景图》和《松雪画马图》,另有两首题《赵管合绘兰竹卷》诗未收入诗集,这四首都是题画诗。诗的内容分别如下：

题赵松雪关北小景图

小草丛丛出浅沙，坐歌无奈画图何。
长藤挂树春风少，老石敛云秋色多。
客子淡然忘岁月，王孙徒尔忆山河。
荒烟落日居庸道，几见毡车白马驮。

诗中王冕对松雪所作的居庸关外的小景画面做了简单的描述，展现的是一种岁月流逝、山河易主的无奈，特别是白马驼毡车的异族风情对诗人的触动很大。

松雪画马图

玉堂学士金闺彦，磊落襟怀书万卷。
等闲貌出天马驹，鬃鬣萧梢气雄健。
蹄如削玉耳削筒，目光炯炯磨青铜。
五花连钱云影动，喷沫一啸生长风。
我昔曾上桑乾岭，带甲骑来霜月冷。
只今潦倒岩谷间，展卷令人动深省。

赵松雪临过和画过很多马图，如藏于故宫博物院的《人骑图》等。在这首诗中，由于人生际遇不同，赵孟頫的春风得意如人中龙马和王冕的蹭蹬岁月如岩壑高士让诗人很是深刻反省感慨了一番。

奉题赵文敏公魏国夫人蕙竹图二首

一

春余故国草连天，梦落湘江夜雨悬。
不说王孙旧时事，玉堂挥翰亦凄然。

二

日暮风回翠袖轻，笔华摇动不胜情。
水精宫里春寒薄，却忆飞鸾在上京。

这两首诗和画面的关系不大，只用到了画中的主角之一蕙所开的时节——春天。王冕完全是借着题画在抒发自己的感情，在这两首诗中描述赵孟頫这位旧王孙其实是一位旅途上的羁

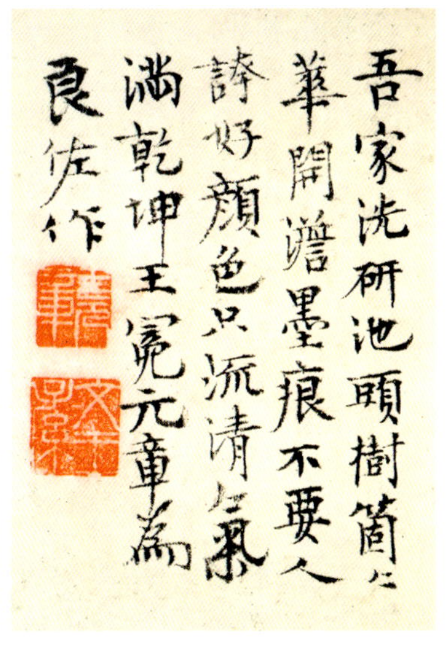

图10　王冕《墨梅图》书法

图11　王冕《玛瑙坡前墨梅图》局部

图12　方外司马

客和挥翰的孤臣，文敏公所经历的一切只不过是春梦一场。

从上述四诗可以看出王冕对赵孟𫖯有一定的了解，他俩肯定是相识的，由于地位、年龄和境遇上的差距，两人在现实生活中应该没有太多的交集，也没有唱和诗的出现，王冕通过对赵孟𫖯的作品题诗抒发了自己对家国命运和个人前途的感受。但王冕在艺术上的追求和赵孟𫖯的主张是不谋而合的。王冕的书法（图 10）从欧体脱胎而来，字形和气质上取法汉隶；绘画（图 11）以瘦劲的书法入画圈梅，并且把诗、书、画、印四者有机地融为一个整体，和赵孟𫖯的“石如飞白木如籀，写竹还应八法通”[1]的艺术主张一致；篆刻（图 12）以汉印为模范，有朴质之风。赵的书画复古主张对王的艺术创作上的影响是潜移默化并且深刻的，两人的艺术追求其实是殊途同归。

吴孟思[2]和王冕

在王冕的诗集中有一首哀悼吴孟思的诗：

挽吴孟思

云涛处士老儒林，书法精明古学深。
百粤三吴称独步，八分一字值千金。
桃花关外看红雨，杨柳堂前坐绿阴。

---

[1] 赵孟𫖯题《秀石疏林图》，故宫博物院藏。

[2] 吴睿（1298—1355），字孟思，号雪涛散人，杭州人。吾丘衍弟子。少好学，工翰墨，精篆、隶，尤工小篆，匀净遒逸。凡历代古文款识制度，无不考究，得其要妙。下笔初若不经意，而动合矩度。有《吴孟思印谱》，揭汯为序。卒年五十八。

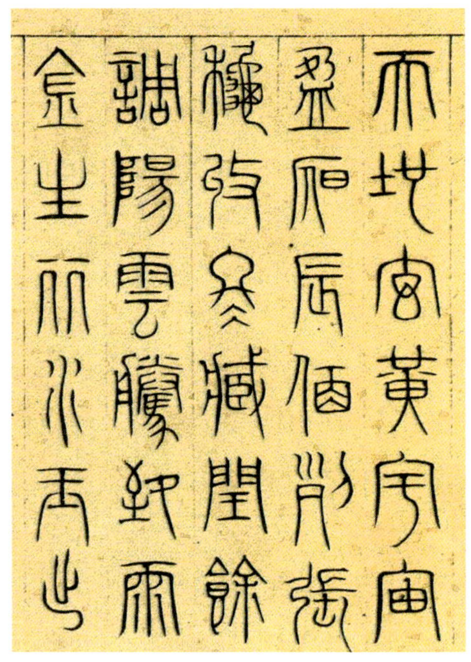
图13　吴睿篆书《千字文》局部

今日窅然忘此景，断碑残碣尽伤心。

王冕在这首诗中，前四句描述了身为布衣的吴孟思的长处：他对古文字的研究和学问很深，他的小篆独步吴越，一字千金。接下来的两句描述了作者和吴睿往来时的场景，其中的桃柳之景很容易让人想到杭州西湖，这是王冕和吴睿相识交往的所在。王冕曾经有一段时间居住在西湖之东，[1] 杭州是王冕一生中流连忘返的地方。最后两句是哀伤吴睿的离世，一切已往，只剩下断碑残碣让人伤心。吴睿在至正十五年（1355）去世，当时的王冕已经归隐在绍兴府城南的九里 8 年了，虽然隐居山林，但他和外界的联系还是一直没有断绝，在 4 年后王冕也因兵乱和疾病离开了人世。

吴睿有隶书《离骚》和篆书《千字文》(图 13）合卷存世,现藏于上海博物馆。刘基《吴孟思墓志铭》云："孟思少好学，工翰墨，尤精篆隶。凡历代古文款识制度，无不考究，得其要妙。下笔初若不经意，而动合矩度，识者谓吴子行先生、赵文敏公不能过也。"

吴睿在印学史上是承上启下的关键人物。吴睿的老师是吾丘衍，比赵孟頫小 18 岁，两人在杭州是常在一起的忘年交和文字交，"倒好嬉子"的故事大家耳熟能详。他倡导的《学古编》,又称《三十五举》,前十七举谈论篆法,后十八举谈论篆刻,是印学史上第一部理论书，书中的真知灼见对当时和对后世的影响很大，直到现在还被奉为经典。

吾丘衍和王冕也相识，在他的《闲居录》中有如下一段文字：

> 至元间，释氏豪横，杨总统发掘陵墓，夺取宫观。孤山和靖坟亦被发，然无它物，但得一白玉簪，尸已空矣，其亦仙者耶？王元章有诗云："生前不系黄金带，身后空余白玉簪。"后又凿灵鹫山壁为佛像。时小民之无赖者，多为僧以逞奸。王复有诗曰："白石皆成佛，苍头半是僧。"亦佳。[2]

王冕虽然没有科举及第，但因其才华而少年得名，因为吾丘衍在至大四年（1311）因姻家之累而不知所踪时王冕才 25 岁。吾在《闲居录》中记载王冕的诗，显然是对青年王冕的

[1]（明）汪砢玉著：《珊瑚网·名画题跋》（文渊阁《四库全书》本）管夫人"《悬崖朱竹》挂轴"条下，王冕题云："潇洒三君子，是伊亲弟兄。所期持大节，莫负岁寒萌。赤城陶君，故家子也。余寓西湖之东，九成时来会，谈论竟日，退有不忍舍者。其仲季皆清爽，真芝兰玉树百十，晋之王谢家也。遂题而归之。"

[2]（元）吾丘衍著：《闲居录》,《丛书集成新编》影印《学津讨原》本。

诗才和其对当时社会上的黑暗现象进行抨击的一种认可。

吴睿的弟子朱珪（约1316—1378）是印学史上继王冕之后的又一个重要人物。他的著作《印文集考》辑录了王厚之、赵孟频、吾丘衍的集古印谱，并继承了他们的印学主张。朱珪又是吴门玉山草堂主人顾瑛的邻居。顾瑛、张绅（？—1385）等人雅集草堂，为朱珪所辑印谱题志、歌铭、诗赞、记跋不绝，录成《题朱氏方寸铁卷》，这个卷子先后著录于朱珪自己的文集《名迹录》，也散见于明清各种画记中，如朱存理《珊瑚木难》、汪砢玉《珊瑚网》等。同时代的文人杨维桢在《方寸铁志》[1]中写道："吴门朱珪氏，师濮阳吴睿大小二篆，习既久，尽悟《石鼓》《峄山碑》之法，因喜为人刻印。遇茅山张外史，外史锡之名方寸铁。"可见朱珪的篆刻在当时的吴门是很有影响力的，元代文化名人的不少印章应该都出自他的手笔。

沙孟海先生对篆刻史上印学家划分是这样的："会篆会刻的印学家，应该首先推北宋的米芾。""赵孟頫、吾丘衍两人同时，可定为第二辈印学家。""第三辈印学家无疑是元末王冕。""明代中晚期大名鼎鼎的两位印学家文彭与何震，当然是第四辈的印学家了。"[2]这种辈分划分的依据在于文人的主体意识有没有体现在印面上，心手是否一致，而不是师承辈分关系的体现。

吴门在明代是文艺兴盛的重镇，无论在绘画、书法上，还是篆刻艺术等各方面都名家迭出，特别在篆刻上，有文彭、汪关、何震、苏宣等名手，都和吴门这个地方有关系。应该说，这种文艺的传承和兴盛是活跃在当地的前代文人打下的基础，篆刻上的这等局面和吴睿后来入吴以及他的弟子朱珪、褚奂等在吴门的艺术活动、影响及传承肯定是有关系的，他们功不可没。王冕在印学史上获得这样的一个地位，一方面的原因是他首创以花乳石入印，另一方面原因是他在印学的长河中并不孤立，和印学史上的名人有着千丝万缕的联系和接触，还是有脉络可寻的。

王冕和申屠駉

在王冕和当时文士的交往中，申屠駉[3]是往来比较密切的一个。王冕的《竹斋集》中与申屠駉的唱和诗有十首，可见两人的友谊之深。有一首《题申屠子迪篆刻卷》，该诗产生的背景是当时为绍兴府推官的申屠駉鉴于秦代刻于会稽郡秦望山的《会稽刻石》因为风雨剥蚀而早已佚没，在绍兴府学用自家旧藏碑帖重新树立一块以小篆为主的石碑，碑阳刻《会稽刻石》，碑阴刻了来自申屠駉山东老家的《峄山刻石》（图14），两者同为秦始皇时期的宰相李斯手笔。诗文内容表明王冕对古文字的起源和篆书的演变历史具有相当充分的认识，如数家

[1]（元）杨维桢著：《方寸铁志》，（明）朱存理纂辑、王允亮点校《珊瑚木难》，浙江人民美术出版社，2019年。

[2] 沙孟海著：《印学史》，西泠印社出版社，1987年。

[3] 申屠駉，字子迪，山东东平人，寄籍江苏高邮，曾任绍兴理官。

珍，其用花乳石自篆自刻是有相当的篆籀基础的。该诗如下：

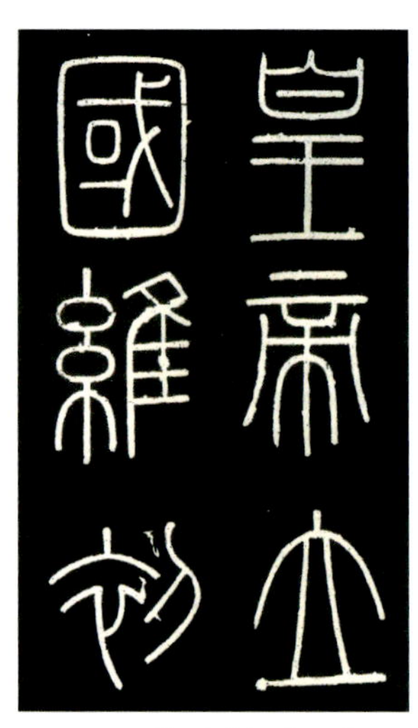

图14 《峄山刻石》局部

我昔闻诸太古初，冯翊窅窅安可模。
自从庖羲得龙马，奇偶变化滋图书。
结绳之政由此毁，蝌蚪鸟迹纷纭起。
后来大小二篆生，周称史籀秦夸李。
只今相去几百年，字体散漫随云烟。
岐阳石鼓土花蚀，峄山之碑野火然。
纵有秦铭刻岑石，冰消雪剥无踪迹。
书生好学何所窥？每展史编空叹息。
樊山先生东鲁儒，好古博雅耽成癯。
八分小篆纯古法，凿石置之东南隅。
白石光芒争照耀，满城走看嗟神妙。
向来传写何足珍，枣木空贻后人诮。
徐公手摹烽火尘，金陵近刻殊失真。
那如此本意态淳，丞相李斯下笔亲。
申屠墨庄有传授，法度森严非苟苟。
岂惟后学得所师？万世千秋垂不朽。

该诗的前八句讲述了古文字图案“河图洛书”的起源和籀篆的演变过程，以及王冕所处时代，因为年代久远，篆书范本如《石鼓文》和《峄山碑》的剥蚀给当时的人习篆造成了一定的困难。后八句夸赞申屠駉在绍兴府学树立的秦篆《会稽刻石》和《峄山刻石》，因为申屠本人家学传承和刻制精良成为后人学习篆书的范本。这一刻碑的事件虽然是申屠駉的自发行为，但也是为了满足当时社会上广泛学习篆书的需要，秦代的小篆是元人学习篆书的主要取法对象。

王冕与泰不花[1]

王冕在至正七年（1347）北上大都期间，“客秘书卿泰不花家。拟以馆职荐，力辞不就”[2]。从这段话可知王冕虽然在年龄上长泰不花18岁，但他们之间的交情深厚，泰不花想推荐王冕出任馆职被王冕力辞。此时的王冕，已过耳顺之年，对泰不花回应道：“公诚愚人哉！不

[1] 泰不花（1304—1352），字兼善，号白野，色目人，后居台州。延祐七年（1320）中浙江乡试第一，第二年进士及第。曾做过集贤修撰、奎章阁典签、礼部尚书、浙东宣慰使、台州路达鲁花赤。重订《复古编》为十卷，另有诗集《顾北集》等。

[2]《明史·王冕传》，中华书局，1974。

满十年，此中狐兔游矣，何以禄仕为？”[1]“学成文武艺，货与帝王家”，对中国历代的读书人来说，科举是最好的人生出路。王冕不能由科举取得功名，对这种近吏的馆职不屑一顾，之前就拒绝过李孝光和王艮的吏职举荐。他在这个年纪已经看透了当时的社会现实和本质，而宁愿做闲云野鹤。

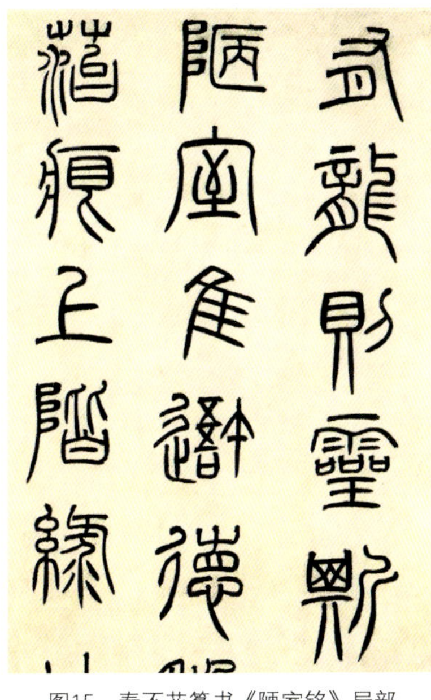

图15 泰不花篆书《陋室铭》局部

泰不花工诗文，善篆隶，具有很强的古文字功底。他“篆书师徐铉、张有，稍变其法，自成一家，行笔亦圆熟，特乏风采耳。常以汉刻题额字法题今代碑额，极高古可尚，非他人所能及。正书宗欧阳率更，亦有体格”[2]。可惜的是泰不花在至正十二年（1352）死于方国珍之乱。王冕作诗《悼达兼善平章》哀之。

今天能见到的泰不花书法作品，篆书有墨迹《陋室铭》（图15）、《题睢阳五老图观款》，碑刻有《元赠清河郡公张思念碑篆额》等，隶书有《重修南镇庙碑》（并篆额）等作品。藏于故宫博物院的篆书《陋室铭》书于至正七年（1347），为其43岁时所作，是泰不花篆书代表作品，以方折铺毫，悬针收笔，行笔圆活，许多线条形如“倒韭”，吸收了汉刻题额字法，于篆法规矩中见流畅笔意，在传承的基础上进行了再创造，给刻板的元代篆隶书风注入了一股清新之气。

图16 泰不花楷书题名

“嘤其鸣矣，求其友声。”朋友之间没有共同的志趣和爱好进行切磋相正，很难会有真正的友谊并长久地维持下去。泰不花作为少年得志的蒙古族文人，其生长活动的轨迹大部分都在江浙，而且最后生命也终止于此，他和王冕的交往不是一时半会的事情。“人以群分，物以类聚”，正是因为有这样相互交流影响和推动促进的挚友，他的这种好篆风尚对当时的王冕不会没有影响。值得注意的是，泰不花的楷书和王冕一样也是师法欧阳率更，从他的题名[3]（图16）中可见其和王冕的楷书风格出奇地相似。

据统计在王冕的《竹斋集》出现的人物有80多位，这些人在当时应该是和王冕有交集的，主要可分为两大类：文人士大

[1]（明）宋濂著：《竹斋集传》，王冕著，寿勤泽点校《王冕集》，浙江古籍出版社，2012年。

[2]（明）陶宗仪著：《书史会要》，武进陶氏逸园影印洪武本。

[3] 见泰不花至正三年（1343）《欧阳修诗文手稿》题跋。

夫类和僧道隐士类。前者以赵孟頫、韩性、王艮、泰不花等为代表，后者包括张贞居、僧普明、蒋清隐等人士。这两类交往也暗示着王冕的人生一直在入世和出世之间来回挣扎。后来人印象中王冕是一位卓荦不群的狂士，[1] 从王冕交往的人数来看，这种印象其实是不靠谱的。王冕作为一介寒士在后世有这么大的社会影响，其本身的才能和付出是主要的，但也不能忽视他的社会关系和交往对他的影响和帮助，因为在传统中国，一名有才艺的士大夫绝对比一名有才艺的贫儒更容易青史留名。当然只有志同道合的人才会成为王冕真正的交往对象，这个圈子还是有选择的。通过对王冕有交往的赵孟頫、吴睿、申屠駉、泰不花的研究和分析，从他生活的社会背景来看，身边存在着这么一批对金石文字和书法篆刻有浓厚兴趣和爱好的好古和复古师友，王冕以花乳石入印在印学史上不是一个孤立的事件。这一创举，由于发生在他生命中最后的隐居时期，在他身后很长一段时间内都没有得到响应，文人篆刻的大幕一直要到明代才真正拉开，这使他在很多篆刻者眼里似乎成了一位孤独的先行者，这是印学史上的一个遗憾。

第四章　王冕的篆刻

元人习篆的途径

篆刻这门技艺，建立在能识篆和会写篆的基础之上。那么王冕，或者说一位普通的元代人，如果他想学写篆书，在当时通过怎样的途径实现这一目的？

首先他得懂篆，这就牵涉到文字学的问题。在古代研究语言文字的学问通常被称为“小学”，汉字的形、音、义是小学研究的主要对象。关于这方面宋元的人编撰了很多字书，如北宋徐铉的《说文解字集注》、徐锴的《说文解字系传》、张有《复古编》，元代戴侗的《六书故》、吾丘衍的《说文续解》、杨桓的《六书统》、周伯琦的《六书正讹》等，这些字书往往根据偏旁部首或者声韵对汉字进行归类阐释，辨析字体，规范字法，持续地为古文字学的研究进步做出贡献。在中间发挥最大作用的，当是东汉许慎编著的《说文解字》。后代流布和影响甚广的多以宋太宗命徐铉等校的《说文解字》为蓝本，原文以小篆为主要的释读对象，通过造字、用字“六书”的方法，为古代文士系统地掌握汉字的形、音、义提供了极大的便利。

其次他要学会写篆，这就牵涉到书法学的问题。虽然篆书少变化，特别是小篆，笔法基本固定，只有字法结构上可以产生一定的变化，但从秦相李斯之后也有不少篆书名家出现，

---

[1]（元）顾瑛辑：《草堂雅集》“王冕”条，共收录王冕诗五首，诗前小注为：“王冕，字元章，会稽人。卓荦不群。尝游京、汴间，好为诗，尤工于画梅。以胭脂作没骨体，自元章始。隐居若耶山中，事母尽孝道，名公咸推敬之。”

不少篆书墨迹、碑刻拓本流传下来，如李阳冰的《三坟记》《谦卦碑》，徐铉《小篆千字文》，释梦英《篆书千字文》等，这些作品可以让后学者领略前辈的篆书风格和特点，从中学习，从而形成习篆者自己的篆书特征和风格。元代文人在积极学写“二李”小篆的同时，还取法《石鼓文》《诅楚文》等大篆刻石的笔法风格，以打破唐宋以来小篆占据的统治地位而求变新风。

元代的篆书名家如元初的郝经，元中期吾丘衍，元中后期的郑杓，都给出过学习篆书的取法对象和范围。

郝经在他的著作《叙文》中指出学习古文、蝌蚪书、钟鼎款识之类，有许慎《说文解字》为鉴，应以“六书”的方法去掌握古文；学习大篆则取法《石鼓文》；学习小篆则学李斯的《泰山碑》和《峄山碑》，还可取法汉碑中的篆书，唐代的李阳冰、金国的党怀英的篆书也值得取法，这种择优而不择时代的取法态度是值得肯定的。

吾丘衍在他的《学古编》卷下《合用文籍品目》把篆书分为小篆、钟鼎文、古文和大篆四类。最为重视小篆的学习，把和小篆相关的字书归列到小篆品里，其中有《仓颉》十五篇、许慎《说文解字》徐铉校定本十五卷、徐锴《说文解字系传》四十卷、张有《复古论》二卷、张有《五声韵谱》五卷。碑刻品则列了李斯的《峄山碑》等九则。

郑杓在他的著作《衍极》后附有《学书次第之图》，从学书者的年龄和所习书体的角度考虑学习各种范本的顺序。他认为学习篆书 13 岁开始可学《琅玡题》；15 岁可学《峄山碑》，籀文可学《石鼓文》《钟鼎千文》，八分可学《泰山碑铭》之类；25 岁可学《鸿都石经》。如果是天资较高的人，学十年则可了众体。学习篆书以秦汉为法，还可学习张有、周伯琦、蒋冕的篆法。

这三位元代书家都积极倡导学古，给出了学习篆书的内容和顺序，安排了明确而合理的学习体系，极大地推动了元代篆书书法的复古和复兴。吾丘衍的《学古编》在当时一出来就迅速流传并影响深广，远超其他二人。最为重要的一点是吾在书中指出刊刻和流通容易的金石文字类书籍不仅有助于掌握字的形、音、义，而且也是学写篆书的主要工具书。王冕不仅为吾丘衍所知，而且和他的弟子吴睿相熟，很难说在后来的艺术实践中不受到吾的书法篆刻思想的影响。

对于普通的元代文人来讲，平常生活里学习篆书最为易得的参考资料是金石文字类的书籍，其次是历代的各种篆书碑拓和钟鼎款识的拓片，篆书名家的墨迹基本上没有获得的可能性。从这一点来讲王冕还是比较幸运的，至少那时申屠驷在绍兴府学重刻的《峄山刻石》和《会稽刻石》可作为他学篆的参考资料。笔者在研究的过程中关注到一个有趣的现象，也许可以证明上述观点。

诸暨三贤王冕、杨维桢和陈洪绶他们的楷书都受到了欧阳询的影响，是什么原因促成了这一现象？王和杨都生活在元代，但陈离杨、王生活的年代有 300 多年，这种现象显然和书法时风没有多大关系。笔者揣测这也许和他们能共同接触到的书籍有关。

宋代是中国印刷事业普遍发展和兴盛的时代，形成了宋代刻书业的三个中心——四川、

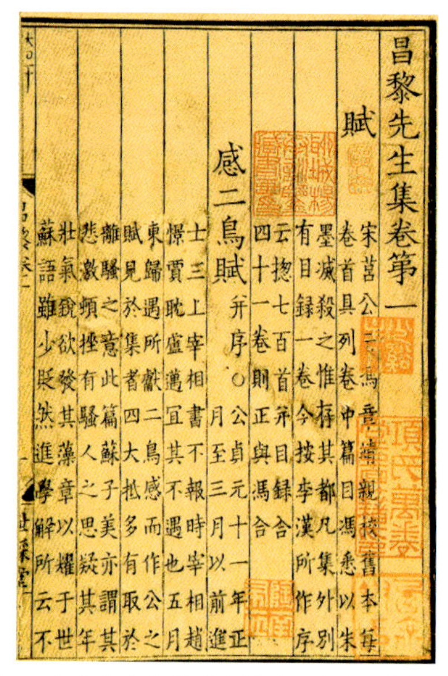

昌黎先生集卷第一

賦

宋莒公三馮章靖親校舊本每卷首具列卷中篇目馮悉以朱墨滅殺之惟存其都凡集外別有目錄一卷今按李漢所作序云摠七百首并目錄合四十一卷則正與馮合

感二鳥賦 并序

○公貞元十一年正月至三月以前進士三上宰相書不報時宰相趙憬賈耽盧邁宜其不遇也五月東歸遇所獻二鳥感而作公之賦見於集者四大抵多有取於離騷之意此篇蘇子美亦謂其悲歎頻挫有騷人之思疑其年壯氣鋭欲發其藻章以耀于世蘇語雖少貶然進學解所云不

图17　南宋廖莹中世彩堂刻《昌黎先生集》局部

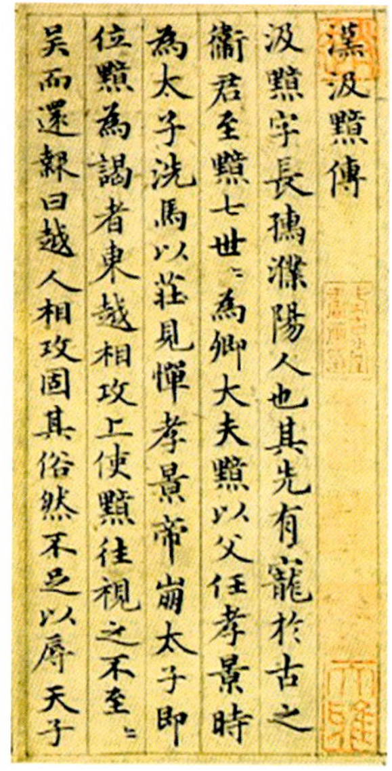

漢汲黯傳

汲黯字長孺濮陽人也其先有寵於古之衛君至黯七世世為卿大夫黯以父任孝景時為太子洗馬以莊見憚孝景帝崩太子即位黯為謁者東越相攻上使黯往視之不至至吴而還報曰越人相攻固其俗然不足以辱天子

图18　赵孟頫楷书《汉汲黯传》局部

浙江、福建，所刻书籍各具特色。北宋初，四川刻书业最为兴盛，沿袭传承了唐、五代的格局。北宋后期，浙江刻书发达，很多书籍字纸精美。到了南宋，福建刻书数量居全国首位。

北宋时，很多国子监用书为杭州印刷，浙东、浙西广大地区刻书业非常兴盛。南宋时，杭州是当时政治、经济、文化的中心，官、私、坊刻迅猛发展。王国维《五代两宋监本考》载，宋代监本有 182 种，其中大半为杭州刻印，刻制最精。浙江其他地区也都刻书留传后世，如绍兴、宁波、台州等，所制大部分为宋版书中之佳品。

浙本多用秀丽俊俏的欧体字，如南宋廖莹中世彩堂在临安所刻韩、柳集（图 17），其秀雅似欧，历来被誉为“神品”；蜀本多用雄伟朴拙的颜体字；建本字体介于颜、柳之间，横轻竖重。元代刻书业传承了宋代的刻书业格局，杭州一直是全国的出版印刷的翘楚，印刷雕版的风格也和宋代一脉相承。虽然大书家赵孟頫的书法风格对身后的书籍的字体产生了一定的影响，但大的趋势没有发生根本改变，历史往往是有惯性的。对于普通的文人来说，能影响他书风的往往是生活里耳濡目染的东西。这大概也是诸暨三贤楷书取法欧阳询的最主要原因所在，浙江籍的生员还是以浙本书籍作为学习的主要工具。这也是赵孟頫抄写《汉书》中的《汉汲黯传》（图 18）会出现唐代欧体风格的原因所在。

元人篆与刻的转换

假设元人学习篆书是以《说文解字》这样的字书为起点，那么王冕的印文和《说文解字》[1]中的小篆有多大的相似度，对此我们可以比对一下。（见表 2）

[1]（东汉）许慎撰：《说文解字》，天津市古籍书店，1991 年。

表2　王冕印文与《说文解字》中的小篆对比

简体字	印面文字	《说文解字》	简体字	印面文字	《说文解字》
王			冕		
元			章		
氏			私		
印			之		
合			同		
姬			姓		

续表

简体字	印面文字	《说文解字》	简体字	印面文字	《说文解字》
子			孙		
文			竹		
斋			图		
书			会		
稽			佳		
山			水		

续表

简体字	印面文字	《说文解字》	简体字	印面文字	《说文解字》
外			史		
方			司		
马			保		

从上表可以看出，王冕所用的印章上的文字深受汉代钟鼎款识和汉印的影响，多取横平竖直之笔便于篆刻，这样的取法也便于在方正的印面布局。这也和明初镏绩的记载相符合："初无人以花药石刻印者，自山农始也。山农用汉制刻图书印，甚古。江右熊□巾笥所蓄颇夥，然文皆陋俗。见山农印，大叹服。且曰：'天马一出，万马皆喑。'于是尽弃所有。"[1] 其实从赵孟頫、吾丘衍之后，元人刻印多推崇秦汉之制了。

印中有些文字，如"马""佳""会""外"等和《说文解字》小篆比，少弯笔和斜笔；有些字笔画作了省略，如"姬""姓"的女字旁，"书"的中间部分，"稽"的右边中间部分，"孙"和"子"合用子字，"司"和"马"合用一横。这些变化都为了刻制方便。在篆刻过程中有些字未必能从他们当时可以见到的金石文字类书，如薛尚功《历代钟鼎彝器款识法帖》、王厚之《钟鼎款识》、王俅《啸堂集古录》、吾丘衍《古印式》等中间查找到，如"冕""斋"等字，这时候入印的文字就会参考《说文解字》这样的小篆工具书，两者具有高度相似性。"子孙保之"这方印，前三个字和《说文解字》中的小篆也高度一致，这种情况和现代印人在篆刻过程中碰到的问题是一样的。因为后世出土积累的汉及汉代之前古物比宋元时多得多，各个时代的上古文字都有汇编成册，如汉代印文有《汉印分韵合编》等篆刻工具书可做参考，

[1]（明）镏绩著：《霏雪录》上卷。

所以现代人篆刻的条件和那时相比更加便利和全面。

王冕的画

王冕以花乳石入印，在找不到他所用印章实物的情况下，那在其存世的绘画作品中，有没有这类花乳石印文的存在？为此我们须整理下王冕留给我们的绘画和书法作品（见表3），因为王冕的印都出现在这两者上。

表3　王冕存世绘画书法作品及钤印一览表

编号❶	画名	质地	尺寸	创作年代	钤印	收藏地
1	墨梅图（元五家合绘卷）	纸本水墨	纵31.6cm 横51.0cm		王元章、文王子孙、方外司马、会稽佳山水	故宫博物院
2	墨梅图（疑伪）	绢本水墨	纵113.0cm 横50.2cm		竹斋图书、方外司马（另几印漫漶不清）	美国大都会艺术博物馆
3	月下梅花图	绢本水墨	纵164.5 cm 横94.5cm		竹斋图书、方外司马	美国克利夫兰艺术博物馆
4	墨梅图（霜华浮影月娟娟）	绢本水墨	纵143.8 cm 横97.1cm		竹斋图书、方外司马	日本宫内厅三之丸尚藏馆
5	墨梅图（城市山林不可居）	纸本水墨	纵67.7cm 横25.9cm	至正十五年正月（1355）	竹斋图书、王元章、会稽佳山水、元章、子孙保之、合同、方外司马、会稽外史	上海博物馆
6	墨梅图（玛瑙坡前梅烂开）	纸本水墨	纵90.3cm 横27.6cm		会稽佳山水、方外司马	上海博物馆
7	梅花图	纸本水墨	纵30.6cm 横92.2cm	至正六年（1346）	元章	上海博物馆
8	粲粲疏花图	绢本水墨	尺寸不详	至正十七年（1357）	竹斋图书、方外司马、会稽外史	台北“故宫博物院”
9	梅竹双清图（王冕、吴镇）	纸本水墨	尺寸不详		王元章、文王子孙、子孙保之、竹斋图书、会稽外史、方外司马	台北“故宫博物院”

❶ 该编号以收藏地的拼音顺序编排，绘画作品在前，书法作品在后。

续表

编号	画名	质地	尺寸	创作年代	钤印	收藏地
10	南枝春早图	绢本水墨	纵151.3 cm 横53.9cm	至正十三年（1353）	竹斋图书、文王子孙、会稽佳山水	台北“故宫博物院”
11	幽谷先春图	绢本水墨	纵27.2 cm 横22.7cm		竹斋图书	台北“故宫博物院”
12	《赵管合绘兰竹卷》题跋	纸本	尺寸不详		王元章、文王子孙	藏地不详
13	《李昇菖蒲庵卷》题跋		尺寸不详		王氏、王冕私印、王元章氏、姬姓子孙	藏地不详
14	王冕诗笺		尺寸不详		王冕之章	藏地不详
15	王冕跋郑思肖《兰图》	纸本	纵25.6cm 横19.8cm		王元章、会稽佳山水	日本大阪市立美术馆

据上表统计王冕存世的绘画全是梅花图，藏于世界各地，总数为 11 张，中国大陆 4 张，中国台湾 4 张，美国 2 张，日本 1 张。美国大都会艺术博物馆藏王冕的《墨梅图》落款[1]（图 19）真假存疑，所以这幅图上的印章不列入本文的讨论范围。

王冕纯粹的大幅书法作品目前还没发现，有两段题跋可见到作品照片。一是跋于《赵管合绘兰竹卷》的，二是跋于《郑思肖兰图》的。元代李昇的《菖蒲庵卷》后的王冕题跋和另一《王冕诗笺》，因为《中国书画家印鉴款识》收录了附在这两件作品上的 5 方王冕用印，这两件作品应该还留存于世上，收藏地待查。

在整理过程中发现，王冕存世绘画作品，应当以王冕隐居绍兴城南九里的至正八年（1348）作为分界线，可划分为隐居前作品和隐居后作品，

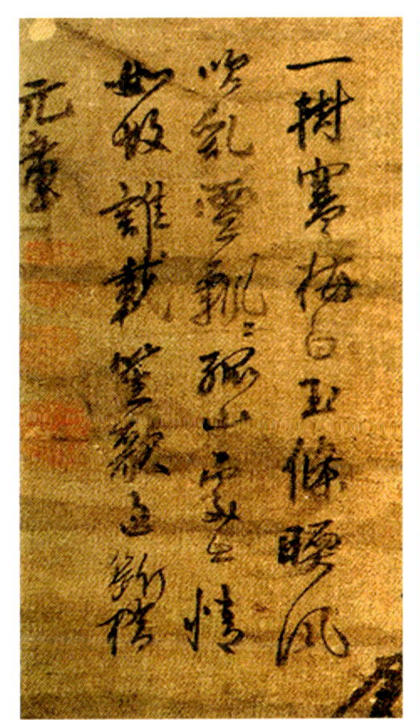

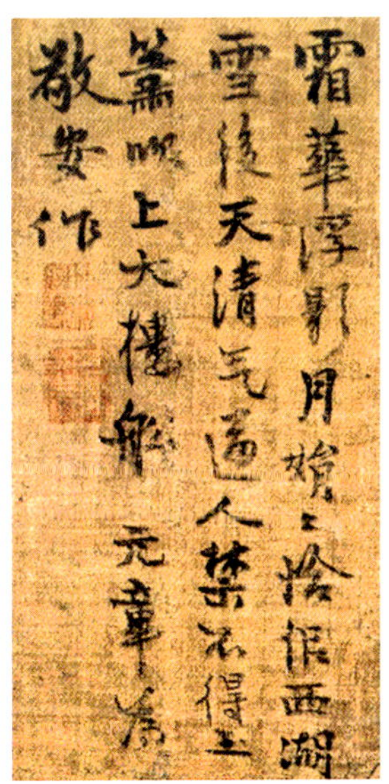

图19　美国大都会艺术博物馆藏《墨梅图》落款（左）与日本宫内厅藏《墨梅图》落款（右）对比

[1] 王冕的书法受元代书法复古风的影响，取法汉隶和欧阳询楷书，字形多取横势，少攲侧之态。据《元画全集》的图片，美国大都会博物馆藏《墨梅图》上面的题跋书法和常见的王冕书法存在着明显的不同，浮而不实，字形攲斜，行笔少变化，字与字之间牵丝过多，疑伪。

图20　方外司马

图21　会稽外史

图22　会稽佳山水

图23　子孙保之

因为在这个时间前和这个时间后王冕的作品上用印有所不同了。在他的存世作品中，有明确纪年的有4张绘画，分别是藏于上海博物馆的《梅花图》、《墨梅图（城市山林不可居）》和藏于台北“故宫博物院”的《南枝春早图》、《槃槃疏花图》。这四张画中，至正六年（1346）王冕还没有隐居会稽九里，藏于上海博物馆的《梅花图》上只有一枚白文印章“元章”，这枚印章在存世的其他王冕画作上从没出现过，而在另外3张有纪年的画上，所用的一些印明显强调了隐居会稽的味道，如“方外司马”（图20）、“会稽外史”（图21）、“会稽佳山水”（图22）等。

书画家在其作品上的钤印，特别是词句印等闲章，应该表达了他当时的想法和志趣。王冕用“会稽外史”和“方外司马”这两方印，是对自己在隐居前未能通过科举获取功名的自我嘲讽和自我解脱的一种方式，也是一种无奈心情的表达。东晋王羲之曾经当过“会稽内史”这一官职，相当于会稽太守，他最后和王冕一样也隐居在会稽山脉。历史上只有内史这一官职而并无外史这个官名。“方外司马”的方外指的是世俗礼法之外，司马也是古代的一种官职，在王冕的年代已经没有这一官职设置了，这一印文内容明显很荒诞不经，但王冕存世作品中这方印钤盖最多，用了7次。而“会稽佳山水”的印文内容则让人很自然地想到了东晋王献之的词句“从山阴道上行，山川自相映发，使人应接不暇”。王冕隐居的地方正是在绍兴西南的山阴道上，王冕只有回到山明水秀的会稽山脉才会使自己在外漂泊多年的身心得到一个真正安宁的归宿。

“子孙保之”（图23）这一方印出现在王冕画上的情况很特殊。该印的印面内容明显出自商周金文如“子子孙孙永宝用”这类祈祷和祝愿之句。该印只出现了两次，分别是上海博物馆藏的《墨梅图（城市山林不可居）》和藏于台北“故宫博物院”的《梅竹双清图》（王冕、吴镇），后者虽然上面没有明确纪年，但从王冕自己题写的诗句“老夫欲语不忍语，对梅独坐长咨嗟”及“老夫潇洒归岩阿，自锄白雪栽梅花”来看，应该是王冕比较晚年的作品。这两件作品王冕题写的文字最多，钤盖的印章最多，一张盖了8方，一张盖了6方，并且上面没有赠款，应该是王冕留给自己子孙的得意画作，大概王冕觉得自己的来日不长了，所以会盖上“子孙保之”的印章，这方印章也可以让我们体会到王冕对自己的作品是何等的自信。王冕于至正十九年（1359）去世，《墨梅图（城市山林不可居）》作于1355年，《梅竹双清图》（王冕、吴镇）中的梅图应该也作于生命终止前的几年间。王冕的儿子师文于至正十四年（1354）从王冕老家水南村移居会稽九里，主要原因想必也是为了照顾暮年的父亲。

经过仔细比对，“竹斋图书”朱文印其实有两方（图24、图25），印面文字是有差别

图24　竹斋图书　　图25　竹斋图书

图26　《幽谷先春图》

图27　《赵管合绘兰竹卷》王冕题跋

的，如“图”字中间一横的弯曲程度，“斋”字下面两点和上面的横笔相不相接，“书”字聿旁笔画是否向右下延伸。其中的一方只钤盖在藏于台北“故宫博物院”的《幽谷先春图》（图26）上，该画作尺寸不大，是件小品，王冕在上面的落款为“元章”（见图28第11个签名），字写得拘谨，笔画粗细变化不大，应该是王冕隐居前或者更早时候的作品。另外一方则见于王冕很多存世画作上。王冕存世的《赵管合绘兰竹卷》题跋（图27）上的字也写得工整拘谨，应该也是王冕在隐居前所题，但该跋比《幽谷先春图》应该要创作得晚，原因是其书法已经有了自己的风格，且笔画变化也生动了一些。这张题跋上王冕用的印为白文印“王元章”和“文王子孙”，在隐居后的作品上也出现过，说明这是王冕的常用印。另一张郑思肖《兰图》题跋应该是王冕隐居后所写，其用印为“王元章”和“会稽佳山水”。

王冕存世作品的名款据上表的编号排列如（图28），其中的第2张来自美国大都会艺术博物馆藏的《墨梅图》，可以看到该名款书风和其他名款的不一致，浮而不实，（图19）其写者不熟悉王冕的书法取法汉隶和欧体，字势多扁平，少欹斜之势。其中的第1张名款和第7张名款可以发现非常接近。第1张名款来自故宫博物院藏的《墨梅图》（元五家合绘卷），第7张名款来自上海博物馆藏的《梅花图》，这两张画都为横卷，高度都为1尺，但上面的钤印明显不一样。上海博物馆的《梅花图》只有“元章”一印，该印在王冕所有存世画作中出现的次数也只有1次，但这张画上有明确的至正六年（1346）纪年，是王冕隐居前的作品。故宫博物院的《墨梅图》上面的用印则明显带有隐居后的气息，盖有“方外司马”“会稽佳山水”两印，这张画和前者具有名款和尺寸的共同性，应是王冕隐居早期的作品。该画是王冕继承宋代华光和尚墨梅画法的唯一一张存世作品，尤为珍贵。据记载王冕还有在此基础上创新的画法，用胭脂色替代墨色而画成“胭脂梅”，可惜这种类型的作品没有存世。

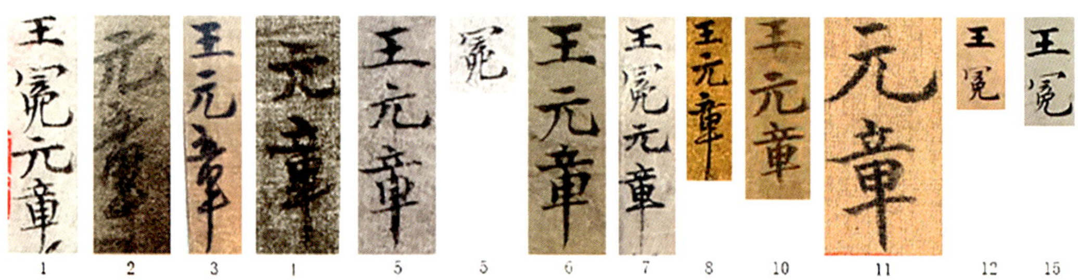

图28　王冕存世作品名款

据上文对印文内容、书法风格和画作纪年的综合分析，王冕在隐居前的存世画作为藏于上海博物馆的《梅花图》（至正六年作）和藏于台北“故宫博物院”的《幽谷先春图》，存世书法作品为《赵管合绘兰竹卷》题跋。其余存世绘画作品上王冕题诗的书法风格统一而协调，应为隐居后所作。

王冕的印

通过对王冕存世书画作品的梳理，我们可以发现这些作品上面的王冕用印共有 16 方，其中白文印 12 方，朱文印 4 方（见表 4）。在《中国书画家印鉴款识》[1] 上共收录了王冕用印共 13 方，随着《元画全集》的出版，现在我们能见到的王冕用印增加了 3 方，分别为白文印“文王子孙”“王元章”，朱文印“竹斋图书”（表中释文楷体加粗者）。

按印文内容来划分，这 16 方印中，“元章”（小）、“王元章”、“王氏”、“王冕私印”、“元章”（大）、“王元章氏”、“王冕之章”等 7 方为姓名印，“子孙保之”“会稽佳山水”为词句印，“姬姓子孙”“文王子孙”为家世印，“方外司马”“会稽外史”为别号印，“竹斋图书”（2 方）为室名印，另一方“合同”印暂时不明其含义。

王冕用印中的白文印和朱文印两者数量差距有些大，个中原因笔者认为可从印章的制作加工难易的角度考虑。如果是凿印的话，白文印加工容易，只须凿去印面篆文所在部位的印材即可成印。而朱文印，则需凿去印面篆文之外的所有面积上的印材，特别是在硬度大的印材上加工难度增加不少。

根据对王冕存世作品隐居前和隐居后的分类，我们可以认定其中有 7 方印在隐居前所用，

---

[1] 该书所收王冕用印以上海博物馆所藏王冕画上的用印为基础，少收了三方印。一方为“文王子孙”，见故宫博物院藏《墨梅图》（元五家合绘卷）。一方为“竹斋图书”，见美国克利夫兰艺术博物馆所收《月下梅花图》。另一方为“子孙保之”，见台北“故宫博物院”藏《梅竹双清图》。后两方在上海博物馆所藏《墨梅图》上也有，但钤印漫漶不清，大概因为这个原因没有收入该书。有些印可能一印多刻，如“方外司马”，但由于钤印不清和手头图片的清晰度，目前还无法做出准确的判断。

为朱文印“王氏”[1]、“竹斋图书”（只见一次），白文印“王冕私印”、“王元章氏”、“姬姓子孙”、“王冕之章”、“元章”（大）；有7方为隐居后所用印章，为朱文印“合同”、“竹斋图书”（常用），白文印“元章”（小）、“会稽外史”、“方外司马”、“会稽佳山水”、“子孙保之”；另有两方白文印“王元章”“文王子孙”则在隐居前后都用。上述结论是根据王冕的绘画纪年、印面内容、题跋的书法风格等综合因素而断定的。

所有王冕存世作品中的印章分类见表4。

表4　王冕存世作品中的印章分类表

笔画粗细变化小的白文印					
印面					
释文	王冕私印	元章	王元章氏	王冕之章	
使用次数	1次	1次	1次	1次	
印面					
释文	姬姓子孙	文王子孙	王元章		
使用次数	1次	4次	5次		

[1]《中国书画家印鉴款识》收录4方摘自元代李昇的《菖蒲庵卷》题跋上的王冕用印，分别为朱文印“王氏”，白文印“王冕私印”“王元章氏”“姬姓子孙”及摘自《王冕诗笺》上的一方白文印“王冕之章”，在存世的王冕其他作品中都没见到，这些印应该是王冕隐居之前的用印。

续表

笔画粗细变化大的白文印					
印面					
释文	元章	会稽佳山水	会稽外史	方外司马	子孙保之
使用次数	1次	5次	3次	7次	2次
朱文印					
印面					
释文	王氏	合同	**竹斋图书**	竹斋图书	
使用次数	1次	1次	1次	6次	

沙孟海先生在其《印学史》上有过一个判断：

传世王冕所画梅花真迹，我们还能看到几幅。他的篆刻，从他画幅中见到的，有“王冕私印”、“王元章氏”、“王冕之章”、“王元章”、“元章”（大小两方）、“文王孙”、“姬姓子孙”、“方外司马”、“会稽外史”、“会稽佳山水”等印，皆是白文。“竹斋图书”是朱文。仿汉铸凿并工，奏刀从容，胜过前人。其中“方外司马”“会稽外史”“会稽佳山水”三印意境尤高，不仅仅参法汉人，同时有新的风格。如不是利用花乳石，断没有这一成就。世人把文彭的提倡印学和唐代韩愈“文起八代之衰”相提并论，实际上米芾已曾自篆自刻，钱选也似自刻。王冕治印，毫无疑义是个专门家。王冕死后一百四十年，文彭才出世。只是由于当时无人传王冕衣钵，且不如文家声气之广，所以知道的人不多。

沙先生认为“会稽外史”“方外司马”“会稽佳山水”这三印意境高，在参法汉人的基础上有了自己的风格，是利用了花乳石才达到这一成就。有没有更好的依据来支持这一假设呢？

首先花乳石给了爱好篆刻的文人一个自己动手篆刻的载体。在王冕传世白文印中，[1]根据印面文字可分为笔画粗细变化不大的和笔画粗细变化丰富的两类。前者包括“王冕私印”、“王元章氏”、“姬姓子孙”、“王冕之章”、“元章”（大）、“王元章”、“文王子孙”等7方印，后者包括“元章”（小）、“方外司马”、“会稽外史”、“会稽佳山水”、“子孙保之”等5方印（见表4）。前面7方印印面文字笔画的粗细变化不大且都比较规矩工整，[2]处在那个年代，极有可能由别人在材质比较硬的印章上代为篆刻完成。而后面的5方印，印面文字的笔画粗细变化比较大，和前面一类的印文在风格上明显拉开了距离，而且都出现在王冕隐居后的作品上，最有可能是王冕在隐居期间用花乳石入印的作品。

其次这一判断的另外依据是印章印面的方正程度和文字的完整性，练习篆刻的人都知道铜、牙、木、玉等材质比较坚韧，印章即使发生了磕碰，也很少会变形或者损坏。如果交给工匠处理的话，印章和印面在形制上肯定会处理得很工整，文字也会力求完整无缺。而叶蜡石章则不然，印章很容易磕坏，刻印时印面也容易发生石质崩裂的情况。在后面的5方印中，印面的四边都不甚方正，如“会稽佳山水”的右半部分，“会稽外史”的上方，这些缺损应该是王冕在篆刻之前就没有处理好或者用印过程中磕碰过。有些印面文字甚至出现了笔画崩坏的情况，如“会稽外史”中的“稽”“外”两字，“方外司马”的“方”字。

以上两点判断依据可以帮助我们找到王冕存世印中最有可能为花乳石印的作品。由于没有王冕印章的实物，所以我们只能“大胆推测，小心求证”，一步一步地逼近和还原历史的本来面目。

隐居与煮石

“大隐隐于市，小隐隐于野。”王冕在外多年，认清元末的黑暗形势后，便隐居在一个叫“九里”的地方，在这他既能享受到生活的便利，又能远离城市的喧嚣，走了一条大隐和小隐中间的路线。其实历朝历代的隐士隐居的原因是各种各样的，但从本质上讲，就是隐士个人拥有的知识及才能和他在现实社会中应该拥有的地位及作用不匹配，大部分隐士都选择和

[1] 王冕存世的朱文印量少，作为判断的证据明显不够，留待后考。

[2] 可比对《中国书画家印鉴款识》中赵孟頫、鲜于枢、柯九思等著录印章的印文和印面。

当时的统治阶层不合作。隐居的方式可以各种各样，陶渊明可以“采菊东篱下”，林和靖[1]可以放鹤西湖中。王冕的隐居生涯，其实也丰富多彩，耕种、访友、作画、写诗、煮石等，并不是完全隔绝于社会之外。

由于理想和现实的差距，王冕隐居的想法应该早就萌发了，他和20多位方外之士有诗歌往来，道家的无为和佛家的皆空，也许早就扎根在王冕的心头。王冕以画梅名满天下，在技法上取法北宋的华光和尚和扬无咎而自出新意，创造了画梅“万玉式”和“胭脂梅”两种风格。在思想上应该是深受“梅妻鹤子”的北宋隐士林逋影响。如收入《竹斋诗续集》的题画诗《素梅》五十八首中，八首诗有林逋的影子。林逋隐居在杭州西湖的孤山，这样的隐居方式应该是王冕向往的。

二

树头历历见明珠，底用题诗问**老逋**？
且买金陵秋露白，小舟载月过**西湖**。

二四

霜花浮影月娟娟，春色无痕上画船。
转首**西湖**风景异，不知谁识**老逋**仙？

三一

玛瑙坡前春未来，几番空棹酒船回。
西湖今日清如许，一树梅花压水开。

三六

霜气横空水满川，梅花枝上月娟娟。
却思前载**孤山**下，半夜吹箫上画船。

三八

一树横斜白玉条，春风吹乱雪飘飘。
孤山老却**林和靖**，多载笙歌过六桥。

四八

和靖门前雪作堆，多年积得满身苔。
疏花个个团冰雪，羌笛吹他不下来。

---

[1] 林逋（967—1028），字君复，又称和靖先生，北宋著名词人。幼时刻苦好学，通晓经史百家。性孤高自好，喜恬淡。曾漫游江淮间，后隐居杭州西湖，结庐孤山。常驾小舟遍游西湖诸寺庙，与高僧诗友相往还。每逢客至，叫门童子纵鹤放飞，林逋见鹤必棹舟归来。自谓“以梅为妻，以鹤为子”，人称“梅妻鹤子”。作诗随就随弃，从不留存。天圣六年（1028）卒。宋仁宗赐谥“和靖先生”。

五十

西湖湖上水如天，狂客长吟夜不眠。

骑鹤归来清兴好，梅花无影月娟娟。

五八

春风无声海日起，梅花满树烟蒙蒙。

西湖昨夜笙歌静，相见逋仙是梦中。

王冕有一别号[1]为“煮石山农”。“煮石”最早的出处来自葛洪著的志怪小说《神仙传》“白石先生”这一段：

白石先生者，中黄丈人弟子也。至彭祖时，已二千岁余矣。不肯修升天之道，但取不死而已，不失人间之乐，其所据行者，正以交接之道为主，而金液之药为上也。初以居贫不能得药，乃养羊猪牧。十数年间，约衣节用，置货万金，乃大买药服之，常煮白石为粮，因就白石山居，时人故号曰“白石先生”。亦时食脯饮酒，亦食谷食。日行三四百里，视之色如四十许人，性好朝拜事神，好读《幽经》及《太素传》。彭祖问之曰：“何不服升天之药？”答曰：“天上复能乐比人间乎，但莫使老死耳。天上多至尊相奉，事更苦于人间。”故时人呼白石生为隐遁仙人，以其不汲汲于升天为仙官，亦犹不求闻达者也。[2]

神仙和凡人的区别，就是神仙能自由自在、长生不老且拥有某些特殊的能力。白石先生煮白石为粮这种神仙手段，只能存在于《神仙传》中。随着人类的成长，人越来越明白长生不老只是人类一个永恒的愿望。唐代有很多皇帝服食丹药，到了宋元，这样的事情几乎就听不到了。王冕既然有“煮石山农”这个别号，他煮的会是什么石头？笔者以为他的煮石，应该是让自己的隐居生活过得更加有趣味，质量更高一些。王冕以花乳石入印，也许就是煮石的真正含义，因为他和白石先生面对的都是一块白石头。

王冕故乡的花乳石

沙孟海先生在其《印学史》对花乳石进行了诠释：

花乳石是一个总名。产自各地，因地得名，品目繁多。主要有青田石、寿山石、昌化石等。浙江青田刘山产量最丰富。佳者半透明，世称“冻石”，并有“灯光冻”“鱼脑冻”“蜜蜡”等各种不同名称。寿山石产福建福州城北六十里芙蓉峰下，多白色，亦有黄色，世称“田黄”，最名贵。昌化石是浙江昌化产品，青浆中带红块，如鸡血，

[1] 王冕别号还有会稽山农、会稽外史、江南古客、江南野人、山阴野人、九里先生、梅花屋主、饭牛翁、闲散大夫、老村、梅叟、梅翁等。

[2]（晋）葛洪著：《神仙传》，《汉魏丛书》本。

图29　诸暨花乳石

故亦称“鸡血石”。以上三种印石最有名，他处产品亦多有，不一一详述。

沙孟海先生在写下这段文字的时候，没有接触到王冕老家所产的花乳石（图 29），否则他的观点会发生改变的。

王冕的老家在诸暨枫桥镇郝山下桥亭村，其老家也产一种叶蜡石，这一中型叶蜡石矿矿区位于今诸暨市赵家镇，赵家镇以前在行政上属枫桥镇管辖，是改革开放后独立出来的乡镇，两者的直线距离只有 5 千米。在诸暨话里“花乳石”的意思就是有花纹的白色石头，这和赵家镇产的大部分叶蜡石特征非常吻合。从取用方便的角度和“花乳石”这一名词字面意思上所应具备的特征来看，王冕入印的花乳石应该是自己老家出产的叶蜡石。据诸暨赵家的父老相传，王冕曾经在赵家镇夏湖村住过一段时间，此地就在盛产叶蜡石的上京村边上，流经该村的溪流出产冲刷过后的叶蜡石。诸暨产的叶蜡石在 20 世纪末 21 世纪初作为工业用矿曾经大规模开采过，主要用于化妆品、陶瓷和造纸等行业，其中浙江省黏土公司选了一部分品质优秀的出口日本。从目前已开采的几个坑口如上京、鹅凸山等来看，诸暨叶蜡石中通透的冻石少，以微透明或者不透明为主，主要色调为青、白、紫、红、黑等，原石摸上去蜡质感强，且滑润。不同坑口的石质不同，刀感有爽脆近青田的，细腻如寿山的，也有凝滞如昌化、巴林的。坊间的石商曾拿褐红色的诸暨叶蜡石充昌化朱砂石贩卖。

关于花乳石的产地主要有青田、天台和萧山三种说法。

青田石（图 30）被认为是花乳石的主要原因有两点：一是元末明初的青田文人刘基和王冕有一段交往，据此认为是刘基把青田石带给王冕以作刻印用；二是郎瑛的《七修类稿》

的一段话："图书，古人皆以铜铸，至元末会稽王冕以花乳石刻之。今天下尽崇处州灯明石，果温润可爱也。"关于第一个原因，王冕虽然和刘基有交往，但两者的交往中并没有花乳石的出现。刘基在至正甲午年（1354）因为力主征讨方国珍和当局采用的绥靖政策相左而被羁押绍兴府。刘基为《竹斋集》所作序云："予在杭时，闻会稽王元章善为诗，士大夫之工诗者多称道之，恨不能识也。至正甲午，盗起瓯括间，予避地至会稽，始得尽观元章所为诗。"这时因为王冕隐居在绍兴城南九里，所以刘基得以见到王冕并遍观王冕所作诗。刘基去绍兴之前只听说过王冕的诗名，还从来不认识王冕，怎么可能知晓王冕以石入印并带去青田石？青田石在明代文彭用作印章之前的主要用途是："盖蜜蜡（冻石一种的名称）未出，金陵人类以冻石作花枝叶及小虫蟢，为妇人饰。即买石者亦充此等用，不知为印章也。"❶

图30　青田石

在元代青田冻石的印章功用还没被开发出来。第二个原因在于郎瑛这段话的前后句使有些读者混淆了花乳石和处州灯明石，其实这段话只是对客观事实的一种陈述。这段话的意思首先这是两种不同的石头，其次两者存在着某种联系，都是易刻的石头。青田石即为花乳石这一说法应为一种臆测。

天台产宝华石即为花乳石又是另一种说法。"花乳石，图书石之一种，天台宝华山所产。"这是民国商务印书馆发行的《辞源》所声称的，这段文字应该来自商务印书馆出版的《清稗类钞·矿物类》："花乳石为图书石之一种，天台宝华山所产，色如玳瑁，莹润坚洁，可作图书。元末，王冕始以花乳石刻印，是为石印之始。至本朝而采者甚多。"这种说法不知道所依何据。天台在元代王冕稍后时期出过一位能刻金石的卢仲章："天台卢仲章以能刻金石、为印章知名大夫士间。大夫士之乐道仲章者，咸宠之以诗。"❷卢仲章是来自天台的知名印人，按理更应该取用老家天台产的"花乳石"入印，为何在印学史上无一点声息？宝华石在南宋杜绾著的《云林石谱》中有著录："台州天台县石名宝华，出土中。其质颇与莱州石相类，扣之无声，色微白，纹理斑斓。土人镌砻作器皿，稍工，或为铛铫，但经火不甚坚久。"❸应该讲宝华石在南宋时就很有名气，不可能到了元代又改称花乳石了。杜绾的《云林石谱》是一部很有权威性的论石专著，全书论及名石116种，清代编的《四库全书》只录入了这一石谱。最近在浙江新昌南宋卢遹墓出土的用宝华石制成的印章（图31、图32），被认为可以把印学史

❶（清）周亮工著：《印人传·书文国博印章前》，转引自沙孟海《印学史》。
❷（元）陈基撰：《赠卢仲章诗序》，《夷白斋稿》，上海涵芬楼明钞本影印。
❸（宋）杜绾著：《云林石谱》，《知不足斋丛书》本。

图31　新昌出土宝华石章

图32　新昌出土宝华石章印文

上以叶蜡石入印的年代大大提前，这一点是没有问题的。王冕以花乳石入印的重要意义在于开启了文人自篆自刻的方便之门，并且用在了自己的绘画和书法作品上，而新昌出土的这枚印章显然没有这样的意义，因为是孤证，其产地也存疑。该印也不太可能是卢遡自己制作的，应该是南宋的工匠仿汉代玉印风格代为加工的。到了明代的文彭，因为文家在当时的吴门有着一定的影响力，才使得用青田的灯光冻刻印在广大文人中真正流行起来。这种天台宝华石即为花乳石的说法是在民国时才出现的，应该不是历史的原来面貌。

萧山石是花乳石的说法来自韩天衡先生，他提出，花乳石即花药石，是一种深赭底色，其间有着星白花的萧山石。[1]不知道该说有何依据。产于河上镇的萧山石（图 33）以褐红色为主，又称珍栗红，从花乳石的得名缘由来看，萧山红的特征离花乳石的得名缘由差距甚远，姑存一说而已。

许多出产篆刻用叶蜡石的地方纷纷标榜花乳石就是当地的特产，这种不经考证而争夺花乳石原产地的做法，主要还是牵扯到名利。利用人们好古的心理塑造一个遥远而有名的“祖宗”来抬高本地产叶蜡石的身价，进而在印石销售中获得高额的利润，这或许是多地出产花乳石的真正原因所在。综合上面的分析，上述三种关于花乳石产地为青田、天台和萧山的说法都是站不住脚的，花乳石应该就是诸暨赵家镇产的叶蜡石。

图33　萧山石

毛泽东在 1959 年 8 月经

[1] 韩天衡著：《花乳石、花药石与萧山石臆考》，《韩天衡谈艺录》，中国青年出版社，2000 年。

过诸暨的时候说，你们诸暨是个出名人的地方，美女西施和画家王冕都出在这里。可见在主席的眼里，王冕的第一印象是个画家。王冕以他的墨梅著称，在中国美术史上具有重要的地位，然而分析研究他的绘画、书法和篆刻作品的成果寥寥。如何从专业和理性的角度深入研读乡贤王冕，挖掘隐藏在他作品背后的艺术真谛和传奇人生，最大限度地弥补历史给我们留下的遗憾，是一个美术史研究者应尽的责任和义务。范景中老师在《书籍之为艺术：赵孟頫的藏书与〈汲黯传〉》一文中认为一个人文学者肩负的主要任务就是“使过去的静态记录和文献获得勃勃的生机”。

其实王冕最主要的身份应该是位诗人，对于他的诗歌客观理性而全面的研究成果也乏善可陈，以待来者努力。

王冕事迹记

年份	年号	事件
?	?	王冕生于诸暨郝山下水南村。
1293	至元三十年	入学，见《自感》诗。
1304	大德八年	南下湖南邵阳，赵孟頫作《兰蕙图》赠之，题款："王元章，吾通家子也，将之邵阳，作此《兰蕙图》以赠其行。大德八年三月廿三日，子昂。"
1308	至大一年	王艮三十二岁，会王冕，爱重之。
1310—1312	至大三年至皇庆元年	韩性应冕请为写《竹斋记》。
1314—1316	延祐元年至延祐三年	参加进士考试未中。
1317—1318	延祐四年至延祐五年	冕作《自感》长诗。
1326	泰定三年	北游，历镇江、扬州、徐州、兖州、济州。
1330	至顺元年	柯九思赠王冕《墨竹图》，冕作《柯博士画竹》诗回赠。
1333	元统元年	李孝光荐冕任府吏，冕拒之。
1334	元统二年	柯九思作诗相赠《题王元章红梅图》，冕往访时任江浙检校的王艮。 绍兴推官申屠駉聘冕在绍兴府学教书一年多。
1335	至元元年	子周（字师文）出生。在绍兴蕺山下租草屋，接母亲妻儿同住。
1336	至元二年	诸暨大旱。 下东吴，渡大江，入淮楚，历览名山川。
1338	至元四年	作《花驴儿》诗。
1340	至元六年	作《庚辰元旦》诗。
1341	至正元年	申屠駉重刻峄山秦碑，王冕作诗记之。 是年，师韩性去世。
1346	至正六年	绘《梅花图》，现藏上海博物馆。
1347	至正七年	作《双清图》，自题：至正七年四月廿八日，寓萧然戴氏画楼。 复游金陵，遂北上燕蓟，纵观居庸、古北之塞，到达大都，客秘书卿泰不花家。 北上途中作《金陵怀古》等诗篇。

年份	年号	事件
1348	至正八年	在大都寓居时，“朝贵争欲荐之。君画梅一帧，张壁间……见者皆咋舌缩颈，不敢复与语”。 危素来访，冕冷遇之。 去滦阳取友卢生遗骨，挈二女还生家。 王艮去世，王冕作诗三首哀悼。 北归，隐居九里，筑室读书其中。
1349	至正九年	作《己丑二月三日大风雨雪》二首，《四月十二日书怀》。 为陶九成画《三君子图轴》（竹）。
1350	至正十年	作《庚寅春二月三日甲子大雨雪》。
1351	至正十一年	元末乱起。
1352	至正十二年	泰不花受命平方国珍乱，兵败被杀，王冕作诗《悼达兼善平章》哀悼。 作《漫兴》诗十九首。
1353	至正十三年	作《南枝春早图》，现藏台北“故宫博物院”。 作《草堂》诗。
1354	至正十四年	作《甲午年正月初四得春》诗。 刘基因建言捕方国珍而被革职羁留绍兴，偕家居南城，尽观王冕所作诗。 子王周从水南村移居九里。
1355	至正十五年	作画多幅：《墨梅轴》《照水古梅轴》《赠云峰上人墨梅轴》《梅花轴》。
1356	至正十六年	作《丙申元旦守母制因感而作》。
1357	至正十七年	作《粲粲疏花图》，现藏台北“故宫博物院”。画《梅卷》。 作《丁酉岁元日九里山中》《重阳》诗。 重阳节，与友人相聚于慈溪。作《丁酉岁九月九日在慈溪，是日小雨，杜尧臣知事携酒过寓所》一诗记其事。
1359	至正十九年	申屠驷避乱绍兴，王冕作诗安慰之。 朱元璋命胡大海率兵攻取绍兴，屯兵九里山，并派人接王冕到帐中，授以咨议参军，不久，病重而卒，殓葬于山阴兰亭之侧。

王冕与篆刻

徐晓刚

王冕（1285—1359），字元章，号竹斋，别号会稽山农，元诸暨州桥亭郝山下（今属枫桥镇）人。王冕生活于元代中晚期，是一位平民出身的儒士，早年也曾热衷于科举求仕，在此路不通的情况下，遂以授学、绘画为业。他的绘画造诣极高，特别是墨梅，在其生前身后相当长的时期内，堪称独步天下。他又是一位言无所忌、直抒胸臆的诗人，尤其是题梅诗，颇有些脍炙人口的经典作品，影响十分深远。同时，在篆刻发展史上，他还是文人印的主要开拓者之一。

一

王冕的祖上与赵孟頫的祖上，在南宋初有特殊的交谊，赵孟頫遂称王冕为"通家子"，王冕对赵孟頫的旁系外孙、亲外孙女婿陶宗仪也称为"故家子"。王冕与赵孟頫的地位非常悬殊，王冕不过一介寒士，而赵孟頫则身居高位，但正因为有着这样一层关系，两人有过多次接触。

赵孟頫（1254—1322），字子昂，宋太祖赵匡胤十一世孙，秦王赵德芳嫡派子孙，浙江湖州人。"孟頫幼聪敏，读书过目辄成诵，为文操笔立就。年十四，用父荫补官，试中吏部

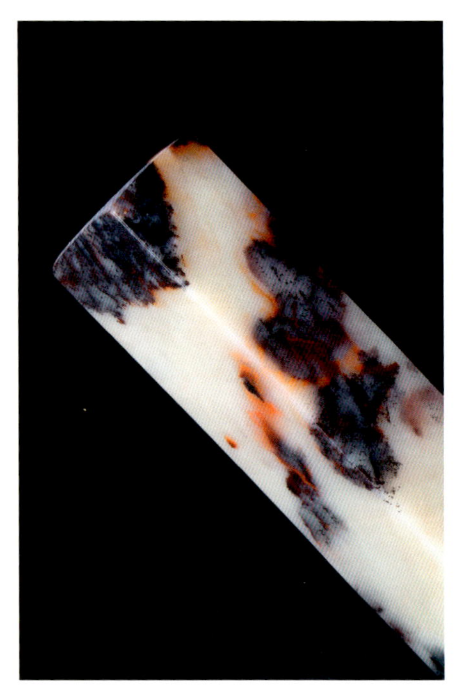

铨法，调真州司户参军。宋亡，家居，益自力于学。”元至元二十三年（1286）入朝，二十九年（1292）放外任，大德三年（1299）八月任江浙等处儒学提举，至大三年（1310）又被召入京。“仁宗在东宫，素知其名，及即位，召除集贤侍讲学士、中奉大夫。延祐元年（1314），改翰林侍讲学士，迁集贤侍讲学士、资德大夫。三年（1316），拜翰林学士承旨、荣禄大夫。帝眷之甚厚，以字呼之而不名。帝尝与侍臣论文学之士，以孟頫比唐李白、宋苏子瞻。又尝称孟頫操履纯正，博学多闻，书画绝伦，旁通佛、老之旨，皆人所不及。”至治二年（1322）六月卒，年六十九，追封魏国公，谥文敏。

大德八年（1304）春，青年王冕将赴湖南邵阳，在杭州拜见时任江浙等处儒学提举的赵孟頫。赵孟頫为王冕作《兰蕙图》，并题云：“王元章，吾通家子也，将之邵阳，作此《兰蕙图》以赠其行。大德八年三月廿三日，子昂。”

皇庆元年（1312）春，作为元仁宗的近臣，赵孟頫的祖父母和父母都受到了封赠，五月十三日返湖州立先人碑。年底前完成此事后，赵孟頫和管夫人由湖州到杭州钱塘门内车桥寓所（在今杭州市武林路一带），皇庆二年（1313）春返回大都。在此期间，王冕到杭州拜访赵孟頫，赵孟頫又为他画过一幅《古木幽禽图》。以上是如今有记载的两次见面，其余恐怕更多，特别是大德年间，王冕正是一个小青年，而五十岁上下的赵孟頫，在江浙等处儒学提举任上待的时间也比较久。如今虽然没有资料证明王冕是向赵孟頫学的画，但深受其影响是可以肯定的，而且不只绘画，也包括篆刻。赵孟頫与王冕在篆刻史上都有极高的地位，在这个共同点上他们还有过联系，其交集点当是王厚之的《复斋印谱》。

王厚之（1131—1204），字顺伯，号复斋，南宋初诸暨人，是王安礼的后代。其祖先为江西临川人，祖父王榕于北宋末年任诸暨知县，恰逢靖康之难，遂留居于诸暨城东。南宋高宗绍兴二十六年（1156），王厚之以“绍兴府乡荐第一”入太学。孝宗乾道二年（1166）登进士第，官至江东刑狱。王厚之性淡泊，独嗜金石，有《钟鼎款识》和《复斋印谱》等传世。平生所蓄甚多，身后则不断散出，如元浦江人吴莱授学于诸暨白门方氏义塾时，就曾得到过诸暨陈大伦（字彦理）之所赠。吴莱有《陈彦理昨以汉石经见遗，今承寄诗索〈石鼓文〉，答以此作》与《陈彦理有汉一字石经，云是王魏公家故物，予得其六纸。盖石文剥落者太半，纸尾犹存蔡邕、马日磾字》二诗。“王魏公”是王安礼，而陈大伦所说的“王魏公家故物”，其实是王厚之所蓄。王厚之的《钟鼎款识》和《复斋印谱》两稿，后来都到了赵孟頫手上，估计也是诸暨人所赠。赵孟頫在《钟鼎款识》上留下了不少墨迹，又根据《复斋印谱》编写过《印史》。后来，吴孟思在《复斋印谱》和《印史》的基础上，编成了《集古印谱》。

吴孟思（1298—1355），名睿，号云涛散人，居于杭州，后寓昆山。元末书法家、印学家。早游赵孟頫门，好稽古之学，对篆学有深入研究，著有《说文续释》和《集古印谱》。时人对吴孟思评价很高，如郑元祐《古书行赠吴孟思》诗云："生名吴睿孟思字，篆隶可宝如璜珩。周旋向背尽规矩，分布上下纷纵横。囊锥画沙泯芒角，宝树出网含光晶。研裂云根剑就淬，射穿杨叶弓开弸。刊题班班满山石，姓名往往闻帝京。"黄溍甚至将他与赵孟頫并提，其《赠别吴孟思》诗云："斯去而冰生，千载惟两人。赵公起昭代，并世推吴君。"这位吴孟思，也是王冕的朋友。至正十五年（1355）三月，吴孟思在昆山去世，王冕写了一首挽诗：

挽吴孟思

云涛处士老儒林，书法精明古学深。
百粤三吴称独步，八分一字直千金。
桃花关外看红雨，杨柳堂前坐绿阴。
今日官然忘此景，断碑残碣尽伤心。

虽然还无法确定王冕与王厚之《复斋印谱》之间究竟是怎样的关系，但有关系是可以确定的，受到过此书的直接影响也可以确定。当然还不仅限于此，读王冕《颖语次杨廉夫进士古声韵》《题申屠子迪篆刻卷》等诗可以发现，王冕在这方面的学养非常宽泛而又深厚，加之与赵孟頫、吴孟思师友之间的相互影响，王冕从事篆刻创作有着坚实的学术基础。

二

王冕对篆刻学的贡献是开创性的，主要体现在利用花乳石容易奏刀这一特性，实现了文人自篆自刻。明镏绩在其《霏雪录》中云："初无人以花药石刻印者，自山农始也。"王冕的这一创举，改变了文人篆、匠人刻的尴尬局面，使更多的文人可以直接参与篆刻创作。这无

疑是为文人印的发展开疆拓土，也使篆刻成为独立的艺术门类有了稳固的基础和强劲的动力。邓散木《篆刻学》云：

自秦汉以迄唐宋，印玺之流传于世者，多至不可数计，然从未闻刻者凿者之为谁氏，仅秦受命玺，传为李斯书、孙寿刻，亦未足置信。元吾丘衍《三十五举》等九曰："秦人大小玉玺，有大小篆、回鸾等文，皆李斯书，孙寿刻。"真凿空之谈。其见于载籍者，魏晋间有陈长文、韦仲将、杨利从、许士宗、宗养等，以工摹印名，外此无闻也。盖当时印玺，大都出于匠师之手，非必文人学士为之，汉印篆法之不合六书义理，不一而足，固无论魏晋矣。至六朝唐宋，篆法衰微，更多任意牵合，不成文理，其为匠手所为可知。至元至正间，吾丘衍、赵孟頫蹶兴，正其款制，于是篆刻一事，遂得跻于文史之林，然尚惟工巧是饬，法意均未完美，不足以言开拓时代宗派也。迨元末，王冕（字元章，会稽人）得浙江处州丽水县天台宝华山所产花乳石（一名花蕊石，宋代土人曾采作器皿），爱其色斑斓如玳瑁，用以刻为私印，刻画称意，如以纸帛代竹简，从此范金琢玉，专属匠师，而文人学士，无不以研朱弄石为一时雅尚矣。有明正、嘉之际，文彭（字寿承，号三桥，长洲人）力肩复古之任，始变宋、元旧习，金石刻画，流布海内，靡靡漫漫，畅开风气，犹佛家六祖慧能之建立南宗。由是而皖、浙、邓、歙诸派，后先递兴，作家云起，正统旁支，孳乳不息，故言治印家之有宗派，当自文氏始，自无间言。

关于这一点，沙孟海《印学史》中是这样评价的：

王冕开始用花乳石刻印，这一发明，为印学创作提供了有利条件。在此以前，文人学者治印，只注重篆法，镌刻之役，一般假手于工人。自从花乳石用作印材，由于石质比较松脆，容易受刀，从写篆到奏刀，把篆刻创作上的两个过程用一手来完成，就成为文人学者的常事。这件事对明以来的印学大发展起了莫大的推动作用。

对此，《中国花鸟画通鉴》在介绍王冕时也有过比较具体的评述：

除在绘画上王冕有着关乎历史进程与演化的伟大创举外，在篆刻上王冕也有着开山鼻祖的地位。相传文人自己刻石治印始于王冕，是王冕首先使用花乳石（青田石）

作印材，自己撰稿，自己刻石成印。这一创举，不仅改变了长期以来文人必须借助工匠治印的历史，而且也使得篆刻成为文人得以介入其间的艺术样式。文人自己刻石治印，使得印章在单纯的姓名标记之外，更可以有与画面意趣相关的诗句闲章，从而丰富与提醒画面，并且画家使用自己创作的印章，还可以实现画面的线条、题款的线条与印章的线条的有机统一。因此，从王冕以后，篆刻也成为书画家们所青睐的艺术样式。

至于王冕所用的花乳石（或名花药石、花蕊石），究竟是何种模样、产于何地，关注、研究的人不少，自然也就众说纷纭。邓散木说是“处州丽水县、天台宝华山所产花乳石”，黄惇说是“花药石即产于会稽不远之萧山”，邵琦说是“青田石”，如今又新增加了“诸暨石”。

认为是青田石的人有不少，因为在古人的诗歌中，能够同时读到王冕和青田石。如清查慎行《寿山石歌》云：

后来摹刻忽以石，其法创自王山农。
（元末诸暨人王冕，自称煮石山农，始用花乳石刻私印。）
自元历明三百载，巧匠到处搜碚礬。
吾乡青田旧坑冻，价重苍璧兼黄琮。
福州寿山晚始著，强藩力取如输攻。

又如清厉鹗《和沈房仲论印十二首》之六云：

一自山农铁画工，休和红沫寄方铜。
从兹伐尽灯明石，仅了生涯百岁中。
（王元章始用花乳石刻私印，见镏绩《霏雪录》。处州灯明石可刻图书印，见郎瑛《七修类稿》。）

以上两诗都提到了王冕“始用花乳石刻私印”，也都提到了青田冻石，但其实并未说王冕所用为青田石。两位诗人的意思完全一致，都是说因为王冕用花乳石刻印得到了后人的效法，遂使得青田石、寿山石成为奇货。还有人以王冕《题青田山房》一诗来证明他去过青田，从而证明其所用为青田石。王冕有没有去过青田当然可以讨论，但《题青田山房》一诗写于

至正十八年（1358）底刘基弃官归里之后，而这一时间与王冕开始用花乳石刻印的时间，相距实在是太远了。另外，即使王冕去过青田，也证明不了他所用为青田石，就如采用鸡血石刻印的未必到过昌化，反之亦然。

黄惇《论元代文人印章发展的三个阶段》云：

> 王冕的探索，也许花费了毕生之精力，也许只是得天时地利人和，在偶一戏玩中的发展。考花药石即产于会稽不远之萧山，酱红色泽的石上时有乳白色的斑点，属叶蜡石，虽不及后世称为灯光冻的青田石珍贵，但脆润适宜，亦是理想的印材。当然不论是精心的寻访，还是无意的戏玩，在镏绩眼中，这无疑是伟大的发现。

萧山石的主产区为和尚店（今河上镇），与诸暨相邻。黄惇认为王冕所用的花乳石取自萧山，倒是也能说得通的。

近年来，诸暨的几位篆刻朋友，通过文献研究和实地探寻，终于在离王冕老家郝山下不远的山里，找到了诸暨本土的花乳石。在得到实物证据支撑的前提下，结合王冕的生平行历，我认为：在接连参与江浙乡试又接连失利的打击下，从至治元年（1321）开始，王冕曾有较长一段时间"闲居"在老家。他一边帮助父亲打理农事，一边痴情地发展着自己的艺术爱好。正是在这段时间里，他得到了产于老家附近的花乳石，并发现可以用来刻印，于是开始自篆自刻，翻开了篆刻史的新篇章。

三

对王冕所刻印章的评价，从来就非常高。明镏绩在《霏雪录》中说：

> 山农用汉制刻图书印，甚古。江右熊□巾笥所蓄颇夥，然文皆陋俗。见山农印，大叹服，且曰："天马一出，万马皆喑。"于是尽弃所有。

沙孟海《印学史》更有具体的高度评价：

文王子孙

会稽佳山水

> 他的篆刻，从他画幅中见到的，有“王冕私印”、“王元章氏”、“王冕之章”、“王元章”、“元章”（大小两方）、“文王孙”、“姬姓子孙”、“方外司马”、“会稽外史”、“会稽佳山水”等印，皆是白文。“竹斋图书”是朱文。仿汉铸凿并工，奏刀从容，胜过前人。其中“方外司马”“会稽外史”“会稽佳山水”三印意境尤高，不仅仅参法汉人，同时有新的风格。如不是利用花乳石，断没有这一成就。世人把文彭的提倡印学和唐代韩愈“文起八代之衰”相提并论，实际上米芾已曾自篆自刻，钱选也似自刻。王冕治印，毫无疑义是个专门家。王冕死后一百四十年，文彭才出世。只是由于当时无人传王冕衣钵，且不如文家声气之广，所以知道的人不多。
>
> 我们看到王冕书画作品遗迹，所钤各印，大都奏刀从容，胜过前人。

在存世的王冕书画作品中出现过，并被认为是王冕所用的印章，共有二十来枚，但这些印章自然并非全由王冕自篆自刻。他之所以对篆刻做出了重要贡献，离不开为他所“首用”的花乳石。由于原件已经无存，要从这二十来枚中判断出何者系由他亲自操刀，主要得由刀法的呈现来寻找花乳石的感觉。黄惇《论元代文人印章发展的三个阶段》是这样说的：

> 从印面趣味分析“方外司马”和“会稽佳山水”“会稽外史”三印最具石印效果，尤其是“方外司马”，单刀冲刻的刀味明显，可视为他的成熟期代表作。此外“文王子孙”一印，章法构思新颖而典雅，亦展现了王冕敏锐的艺术感觉。

这里需要先说明白一个问题，沙孟海说是“文王孙”，黄惇说是“文王子孙”，究竟孰是，先来一睹此印真容。

此印今见于王冕的《墨梅图（吾家洗研池头树）》《墨梅图（朔风撼破处士庐）》《三君子图》《南枝春早（和靖门前雪作堆）》《墨梅图（猎猎北风吹倒人）》等作品，其中以《墨梅图（吾家洗研池头树）》和《墨梅图（朔风撼破处士庐）》中最为清晰。此印中，“子”字的末笔有两个旁点，这是用来表示重复的，因而此印中实际上有两个“子”字。只是这两个点很容易糊掉，所以在前人的著录中基本上被释成“文王孙”。即使如《元代印风》一书所收印模，也根本就没有这两个点。

如今存世的王冕作品，由大致可以确定创作时间的来看，最早是至正三年（1343）题曹知白的《溪山烟霭图》，其次为作于至正五年（1345）的《墨梅图（吾家洗研池头树）》和《墨梅图（朔风撼破处士庐）》。目前看法比较一致，认为是王冕自篆自刻的“会稽佳山水”“会稽外史”“方外司马”诸印，在这三件作品中已经分别出现。

“会稽佳山水”首先出现在至正三年题曹知白《溪山烟霭图》中，紧接着又出现在至正五年创作的《墨梅图（吾家洗研池头树）》。王冕题《墨梅图（吾家洗研池头树）》的诗云：

吾家洗研池头树，个个花开澹墨痕。
不要人夸好颜色，只流清气满乾坤。

后钤“王元章”（白）、“文王子孙”（白）、“方外司马”（白）、“会稽佳山水”（白）等印。

王冕曾“以胭脂作没骨体”来画梅花，即直接用红颜料来晕染花瓣和花蕊，表现的自然是色彩嫣然的红梅。而这幅《墨梅图（吾家洗研池头树）》，却是用淡墨作“没骨体”，即以灰度来表现梅花的质感，就如黑白照片似的。于是，这首题梅诗便抓住“淡墨”两字来落笔，称此花之所以开出这样的淡墨色来，是因为长期吸吮着洗砚池的墨水。绍兴蕺山，又称“王家山”，有王羲之洗砚池遗迹，王冕曾居住于此山脚下。他以王羲之为宗，“吾家洗砚池”字面上所直接表达出来的就是这层意思。但作为“书圣”的王羲之，更是中华传统文化中一个耀眼的符号，因而“吾家洗砚池”所传达出来的深层次涵义，是以中华传统文化为祖。元朝统治者一意打压汉民族，这更加激发了王冕的民族意识，“吾家洗砚池头树，个个花开淡墨痕”这两句，体现的正是他强烈的民族自豪感和对文明之邦的深切怀念，展现出长期受中华传统文化浸润的知识分子的基本气质，同时也是自身精神风貌的写真。诗的前两句，主要表现梅花的坚韧不屈，后两句则是升华梅花的品格。王冕在其他题梅诗中也说：“清气逼人禁不得，玉箫吹上大楼船。”“忽然一夜清香发，散作乾坤万里春。”可见这股“清气”是任何势力也禁锢不了的，既要“吹上大楼船”，更向往着“满乾坤”。此诗与此画相得益彰，堪称绝配，共同构建了“心与梅花共清洁”的意象，诠释了淡泊自守和激浊扬清的梅花精神，展现出舍我其谁的“先天下”情怀。“会稽佳山水”的印文内容，即源自《晋书·王羲之传》“会稽有佳山水，名士多居之”，而“名士”两字显然是印面文字背后的潜台词，与“吾家洗研池”“花开淡墨痕”也是绝配。此印看似一枚闲章，在王冕存世作品中出现的机率却非常高，就像是王冕的名片一般。

至正三到五年（1343—1345），王冕卖屋买船、以船为家，携妻儿远行，到过大都、潇湘、金陵、淞吴。当时朝廷正在修辽、金、宋三史，王冕进京的目的，首先是想直接参与修史工作，同时也是寻求另外的发展空间。但现实给了他当头一击，所有这些希望都未能达到预期。至正五年秋冬间，他来到淞吴，逗留了一段时间，与当地名流如曹知白等有过交往，也为当地留下了一些作品。这幅《墨梅图（吾家洗研池头树）》正是作于此时，是为松江璜溪吕良佐而作的。诗中“不要人夸好颜色，只流清气满乾坤”所体现的，也正是他追求新的人生目标、实现新的人生价值的开始。

会稽外史

方外司马

“会稽外史”和“方外司马”两枚，同时出现在至正五年创作的《墨梅图（朔风撼破处士庐）》中。

此作中的墨梅只是寥寥几笔，而书法、篆刻所占比重极大，写了两首长诗、钤了七枚印章，可谓雅到极致，是诗书画印完美地融为一体的经典之作。第一首诗云：

朔风撼破处士庐，冻云隔月天模糊。
无名草木混色界，广平心事今何如。
梅花荒凉似无主，好春不到江南土。
罗浮山下蘼芜烟，玛瑙坡前荆棘雨。
相逢可惜年少多，竞赏桃杏夸豪奢。
老夫欲语不忍语，对梅独坐长咨嗟。
昨夜天寒孤月黑，芦叶卷风吹不得。
髑髅梦老皮蒙茸，黄莎万里无颜色。
老夫潇洒归岩阿，自锄白雪栽梅花。
兴酣拍手长啸歌，不问世上官如麻。

钤“长”（白）、“子孙保之”（白）、“竹斋图书”（朱）、“会稽外史”（白）等印。

此作由“处士庐”“广平心事”落笔，直接写到梅花的遭际不遇。然后究其根源，在于世道不古、乾坤失色。作者与梅花同时出现，恰似顾影相怜，但有了梅花的相依相伴，或者说竟是自己也已化身为梅，胸襟便一下子开阔了：“兴酣拍手长啸歌，不问世上官如麻。”第二首诗云：

君不见，汉家功臣上麒麟，气貌岂是寻常人？
又不见，唐家诸将图凌烟，长剑大羽联貂蝉。
龙章终匪尘俗状，虎头乃是封侯相。
我生山野无能为，学剑学书空放荡。
老来晦迹岩穴居，梦寐未形安可模？
昨日冷飙动髭须，拄杖下山闻鹧鸪。
乌巾半岸衣露肘，忘机忽落丹青手。
器识可同莘野夫，孤高差拟蟠溪叟。
山翁野老争道真，松篁节操梅精神。
吟风笑月意自在，只欠鹿豕来相亲。
江北江南竞传写，祝君叹其才尽下。
我来对面不识我，何者是真何者假？
祝君放笔一大笑，不须揽镜亦自肖。
相携且买数斗酒，坐对青山恣倾倒。
明朝酒醒呼鹤归，白云满地芝草肥。
玉箫吹来雨霏霏，琪花乱点春风衣。

祝君许我老更奇，我老自觉头垂丝。

时与不时何以为？赠君白雪梅花枝。

钤“方外司马”（白）、“王元章”（白）、“文王子孙”（白）等印。

此诗由麒麟阁和凌烟阁中那些封侯拜相之人的“气貌岂是寻常人”落笔，然后直接转到自己身上：“我生山野无能为”，“梦寐未形安可模”。麒麟阁和凌烟阁分别是汉、唐时表彰、纪念功臣的地方，均悬挂肖像于阁中。王冕之所以由此落笔，是因为“昨日”一位叫陈肖堂的画师为他画了像，画师显然刻意为他做了美化，但写貌容易写神难，这样做的结果是教人认不出来。王冕在其《赠写照陈肖堂》诗中说：“黄童白叟指点看，此老不是儒生酸。”然后他又回到前一首诗的基调上，“我来对面不识我，何者是真何者假”。对遇与不遇放怀一笑：“时与不时何以为？赠君白雪梅花枝。”在《赠写照陈肖堂》一诗中，他说得还要明白：“霍光邓禹在台阁，严陵魏野居山林。功名道德照千古，不特肖貌传至今。”“陈君陈君容我闲，莫教添上貂蝉冠。”“貂蝉冠”是种官帽，明张岱《夜航船》云：“貂蝉冠为侍中、中常侍所服之冠，黄金珰附蝉为文，貂尾为饰，侍中插左，常侍插右。”王冕在诗中点明“貂蝉冠”，而不是其他官帽，恐怕另有用意，与张辰《王先生小传》中所说的“岂效彼区区立堂下备奴使哉”，或许有相近的意思。

这两首诗所写各有侧重，前一首侧重于梅，后一首侧重于画像，而反映出来的都是他求进无门之后的那种释然，与“不要人夸好颜色，只流清气满乾坤”完全是同一种格调。这时候的王冕，重新找到了自己的定位，当初的“赤心思报国，白首愿封侯”（《不饮》）以及“功名固是男儿志”（《与王德强》）等，已经完全被现实击碎，从此再也找不到了，留下的只有“松篁节操梅精神”，成了其毕生的追求。

这幅作品没有写明创作时间，甚至没有署名，只用印章做穷款。前一首末尾钤了“竹斋图书”，后一首末尾钤了“王元章”“文王子孙”。同时，他又把已经从遇与不遇中解脱出来的自己，戏称为“会稽外史”“方外司马”，于是很恰当地将“会稽外史”作为“不问世上官如麻”的押尾，将“方外司马”作为“汉家功臣上麒麟”“唐家诸将图凌烟”的起首，印文与题诗内容完全合拍，就如同注解一般。

可以想象，他“卖屋买船船作家”的这个“家”，既是妻儿同处的居所，也是模仿米芾书画船的流动工作室，其书画创作的材料、用具必定一应俱全，不管是书画还是篆刻，都可以随时投入创作。所以，这三枚“最具石印效果”的印章，有可能都是当时的应景之作，尤其是“会稽外史”一枚，颇有些急就章的味道。此外，这些印章在以上作品中均较为清晰，看不出有何损伤，当是新印。这次远行，在扩大其画梅影响的同时，也将其“用花乳石自篆自刻”带到了大江南北。王冕此举对文人印发展的影响力、推动力，对篆刻艺术发展的贡献，不管给予多高的评价都不为过。

篆刻成为独立的艺术门类，一般认为以西泠印社的成立为主要标志，时间在清末民国初。王冕在篆刻史上的地位越来越凸显出来，也是篆刻学成为一门专门学问以后的事情。但在此之前，王冕用花乳石治印这一点，其实也一直有人关注。自镏绩说“初无人以花药石刻印者，自山农始也”，到清康熙间朱彝尊则一再提及这一点：“会稽王冕易以石，细切花乳桃皮红。”（朱彝尊《赠许容》）“汉官私印俱用拨蜡铸，其后象犀、砗磲、玛瑙取材愈广。至王元章，始易以花乳石，于是青田、樱下里、羊求休所产，皆入砻琢矣。”（朱彝尊《衎斋印谱跋》）“通篆籀，始用花乳石刻私印。”（朱彝尊《王冕传》）乾隆间海宁陈克恕的《篆刻针度》亦云：“石质古不以为印，唐宋私印始用之，不经久，故不传。唐武德七年，陕州获石玺一纽，文与传国玺同，不知作者为谁。元末，会稽王元章（冕）始用花乳石。至明，文、何诸公竞尚冻石。”

还有个例子颇有意思，清同治十二年（1873），吴中的一批书画雅士成立“修梅阁书画社”，各展所能，为公众提供有偿服务。德清俞樾为他们写了篇文字很优美的《润目小引》：

> 昔王子安心织舌耕，自成馨逸；顾长康手挥目送，尽得风流。然皆一技之长，只堪自悦，岂若众萃其美，各奏尔能。聚潘江陆海于同时，集范篆萧真于一室。徐熙设色花鸟，写其精神；王冕奏刀金石，珍其刻画。如入五都之市，应接忘疲；如登众妙之堂，取携即是。载明作手，摽向街头。黄绢能题，敢享自珍之帚；青山可买，不使造孽之钱。条列润资，聊疏小引。

前辈书画家容易罗列，文人篆刻家亦有可举，而俞曲园所以举徐熙、王冕为代表，正因为他们都是创始者。由此可见，王冕在篆刻史上的地位早已确立。

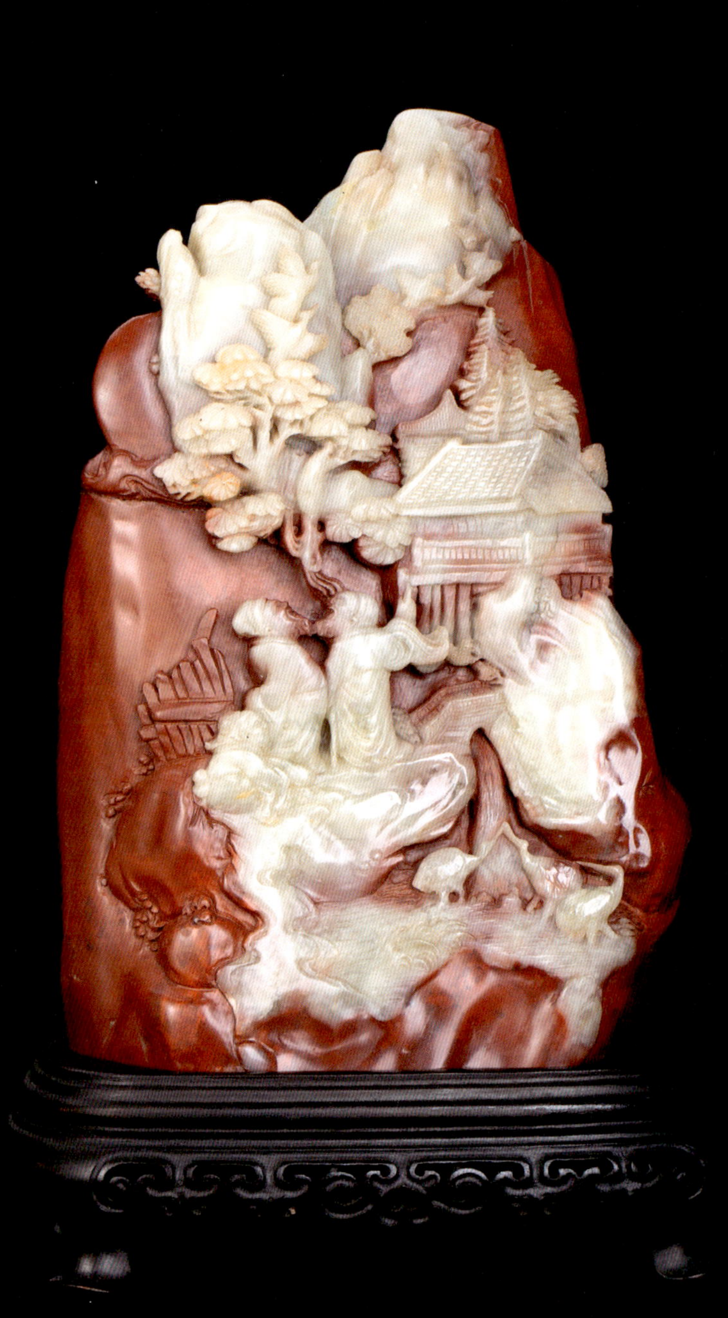

王冕刻印所用何石

郦 挺

王冕始以花乳石刻印，殆无疑义，然则此花乳石究系何石、所出何处，众说纷纭。或谓青田，或谓天台，或谓萧山，或谓诸暨，未有定论。王冕的印章，惟有钤于其画作上的几枚，并无实物流传，无法确知其材质。窃以为：在没有实物证据之前提下，一切推论都是一种猜测，只不过是哪一种更合乎情理罢了。

王冕尝试以花乳石刻印，应是出于偶然，然而偶然之中却有其必然。有元一代，文人书画用印渐次普及，使得文人与刻印的关系更为密切。他们收集古印，编辑印谱，有的甚至亲自参与篆、刻印章当中，其中尤以赵孟頫、吾丘衍为著。赵之《印史》、吾之《学古篇》等是印学专著，他们都曾自篆印稿，由印工刻制印章。王冕与赵孟頫有过交往，与吾丘衍是否有交往虽未见记载，但与吾的弟子吴睿（孟思）有交往。而吴的书法“百粤三吴称独步，八分一字直千金”（王冕《挽吴孟思》），且亦曾篆书印章。其弟子朱珪，更是当时杰出的刻家。朱珪以刻碑、治印为业，《四库提要》云：“珪善篆籀，工于刻印。杨维桢为作《方寸铁志》，郑元祐、李孝光、张翥、陆友仁、谢应芳、倪瓒、张雨、顾阿瑛诸人亦多作诗歌赠之。”杨维桢在《方寸铁志》中说：“使得珪方寸铁印，斯可以蒙金斗而寿荣名矣。”朱珪曾参与顾瑛的“玉山草堂”雅集，而“玉山雅集”中的很多人，都是王冕的好友，他们对刻印的参与与实践，必然对王冕有过影响和启发。

王冕有《题申屠子迪篆刻卷》诗，此“篆刻”并非今日意义上的“篆刻”，而是指申屠驷重刻“会稽刻石”和“峄

山刻石”之事。此事对王冕的篆刻石印是否有影响不得而知，但此中传递出“在石上篆、刻”的信息是最明显不过的。那么，是王冕特意去寻找一种石材用来刻印，还是偶然发现某种石材可用来刻印呢？后者的可能性较大。此种石材应是日常多有接触、了解其性状且能够方便获得，然具备这些条件，适于刻印的石材有不少，例如一些砚石、砖瓦之类，为何必是花乳石呢？这里要提到“煮石”一词。王冕自号“煮石山农”“煮石道者”，因为他以石刻印之故，后人多有把“煮石”往刻印上理解的意思，甚至附会为通过水煮火烧改变石性，使之更适于刻印。其实，“煮石”即“煮白石”，旧传神仙、方士烧煮白石为粮，后因借为道家修炼之典实，葛洪《神仙传·白石先生》：“（白石先生）常煮白石为粮，因就白石山居。”王冕以之为号，且有“白石烂煮空山春”“烂煮白石松影眠”“白石通宵煮，青萍忘岁华”等诗句，既是对仙客羽士般隐居情致的自况，亦是对“今年贫胜去年多”，需要“典衣沽酒”的贫困生活的自嘲。从王冕“垒石旋成蒸药灶”“畴昔烧丹曾化鹤”等诗句看，他也可能真的有过“煮石烹金炼太元”（唐李浩《大丹诗四首》其一句）之类的修炼，花乳石作为一种丹药，自然会有所接触。花乳石又是一种药材，具有化瘀、止血等功效，从药用这一途径接触亦有可能。

花乳石又称花蕊石、花药石，其矿物组成主要为叶蜡石、地开石、高岭石、石英等，性状因矿物组成的不同而有所差异，陕西、河南、河北、江苏、浙江、福建、湖南、山西、四川等地均有产，现在用于篆刻的“四大名石”——青田、昌化、寿山、巴林，都属于此类石质。而王冕的故乡——诸暨枫桥一带，花乳石多有出产，从取用方便的角度，王冕就近利用当地的花乳石刻印，可能性更大些。“青田”之说，盖由于王冕与刘基有过交往，但这只是一种臆测，并无根据。有一个前提，就是先有成品印石，还是偶然用某种石材刻印。刘基不大可能专门送用于刻印的石头（成品印石）给王冕，王冕也不可能特意到青田找石头用来刻印。同样道理，王冕有天台的友人，也可能到过天台，但未必用天台的花乳石刻印。“天台”说还有一个反证，当时“天台卢仲章以能刻金石、为印章知名大夫士间。大夫士之乐道仲章者，咸宠之以诗”（陈基《赠卢仲章诗序》）。卢仲章是一位相当知名的专业印人，他去发现当地的花乳石用作刻印，应较王冕便利得多。那么邓散木等人为何言之凿凿地说王冕刻印系用天台宝华山所产花乳石呢？《清稗类钞·矿物》载：“花乳石为图书石之一种，天台宝华山所产，色如玳瑁，莹润坚洁，可作图书。元末，王冕始以花乳石刻印，是为石印之始，至本朝而采者甚多。”民国四年（1915）《辞源》载：“花乳石，图书石之一种，天台宝华山所产。”可能是从类似上述的记载中，误以为花乳石仅只产于天台，而王冕所用为花乳石，则必为天台所产。20世纪六七十年代萧山河上办过一个石雕厂，当时就有传说王冕所刻为萧山红石，唯未见任何记载。今人韩天衡认为，花乳石即花药石，是一种深赭底色，其间有着星白花的萧山石。亦未知何所据者。

诸暨之花乳石曾经大量开采，然多做工业用途，鲜有用作印材者。反而有青田石商批量采购加工，充作青田石出售。20世纪90年代初，有诸暨印社同仁取之磨成印石试刻，其佳者刀感与青田石并无二致，其一般者则稍觉凝滞。近年间，矿石开采日稀，本地爱石者多从矿区填埋之渣土中捡拾。石市有名“诸暨冻”者，正是诸暨所产之花乳石，此或者亦可为王冕刻印所用何石之又一旁证吧。

释文 印石之祖 吾乡花乳石当之可无愧也 许洪流题

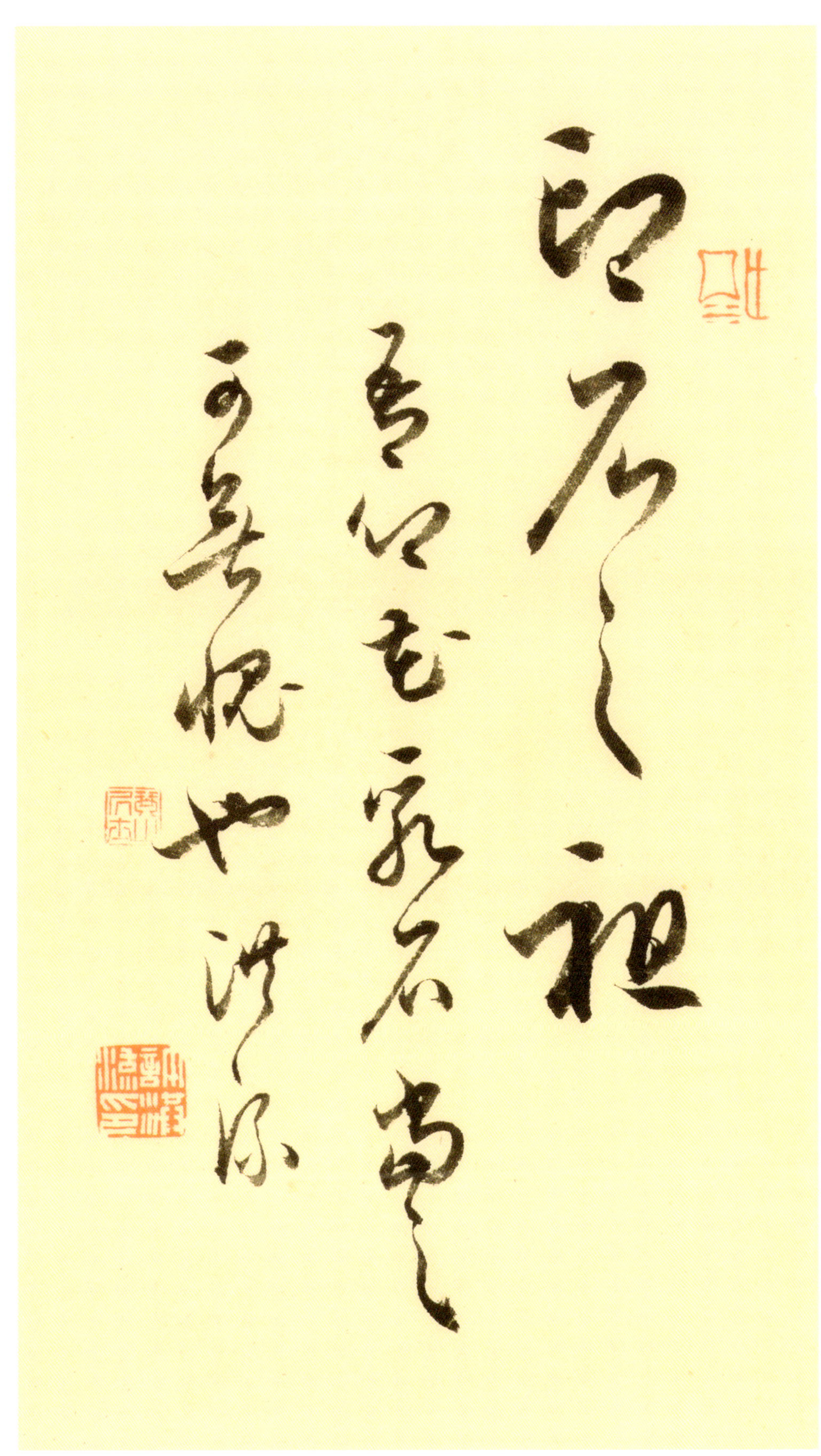

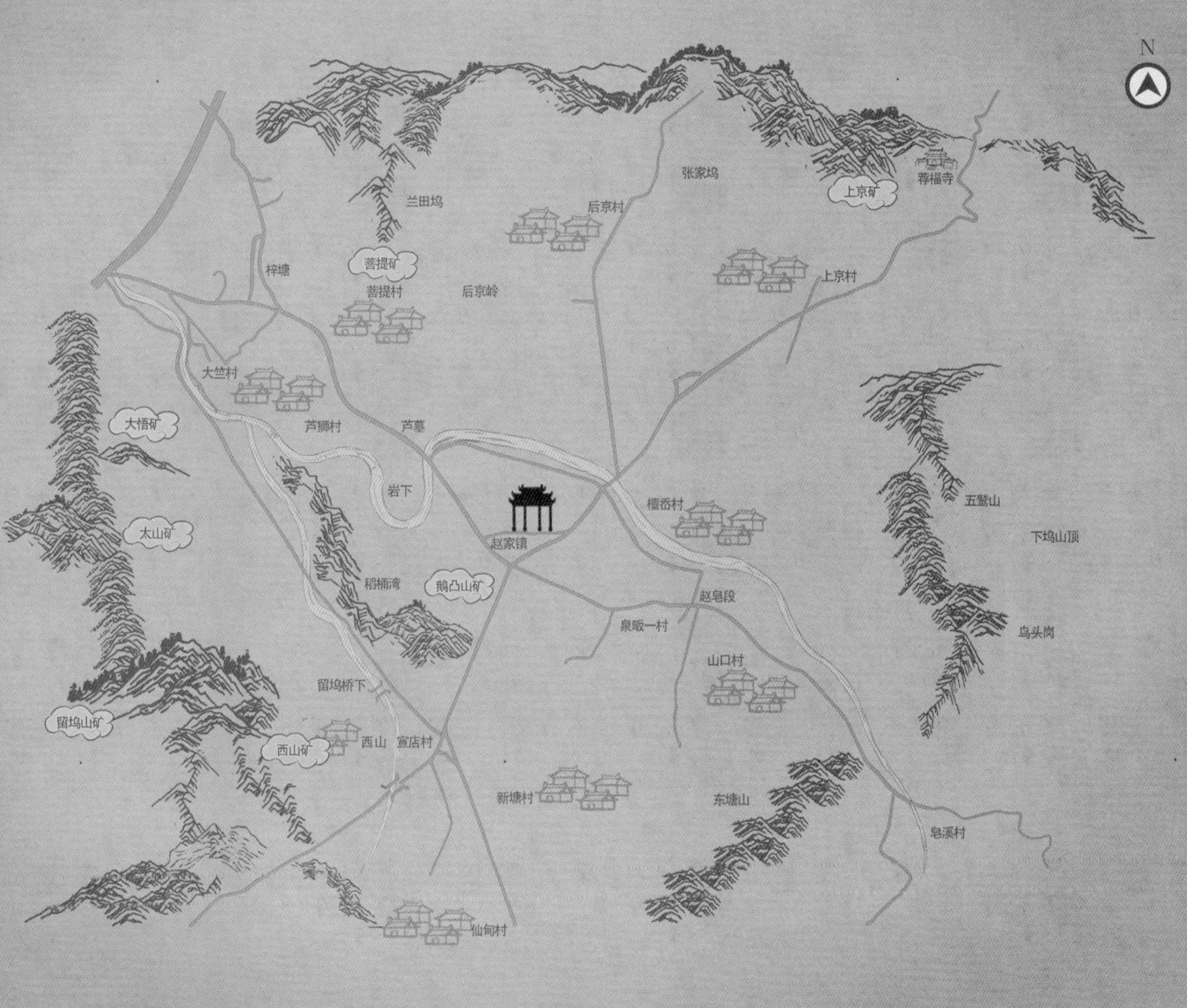
王冕印石礦區分布圖
N
张家坞
上京矿
荐福寺
兰田坞
后京村
梓塘
菩提矿
菩提村
后京岭
上京村
大竺村
芦狮村
芦墓
大悟矿
岩下
赵家镇
檀香村
五鹫山
下坞山顶
太山矿
稻桶湾
鹅凸山矿
赵皂段
泉畈一村
乌头岗
山口村
留坞桥下
留坞山矿
西山矿
西山
宣店村
新塘村
东塘山
皂溪村
仙甸村

鹅凸山矿

该矿位于赵家镇枫谷线旁鹅凸山，于 1989 年开始采挖，当时以开采普通石料为主，开采过程中发现叶蜡石矿脉，从而改为开采叶蜡石。石种主要为乳白色、淡青色、紫色、褐色及粉色，偶有半透明玻璃晶出现。其中以质地细腻，气质高古的王冕朱砂石为著名。因当时石农以高铝石为主销原料，遇到褐色的朱砂石往往弃之，故此类朱砂石存量较多，但顶级的羊脂白朱砂、玻璃地朱砂亦是稀有之石，不易得之。

鹅凸朱砂原石

1. 王晃白玉朱砂	2. 王晃白玉朱砂	5. 王晃白玉朱砂
3. 王晃红梅朱砂	4. 王晃白玉朱砂	

1. 王冕白玉朱砂

2. 王冕白玉朱砂对章

3. 王冕白玉朱砂对章

1. 王冕白玉朱砂

2. 王冕白玉朱砂

3. 王冕白玉朱砂对章

1. 鹅凸朱砂

2. 王冕红梅朱砂

3. 王冕红梅朱砂

1. 鹅凸朱砂
2. 王冕白玉朱砂
3. 王冕白玉朱砂

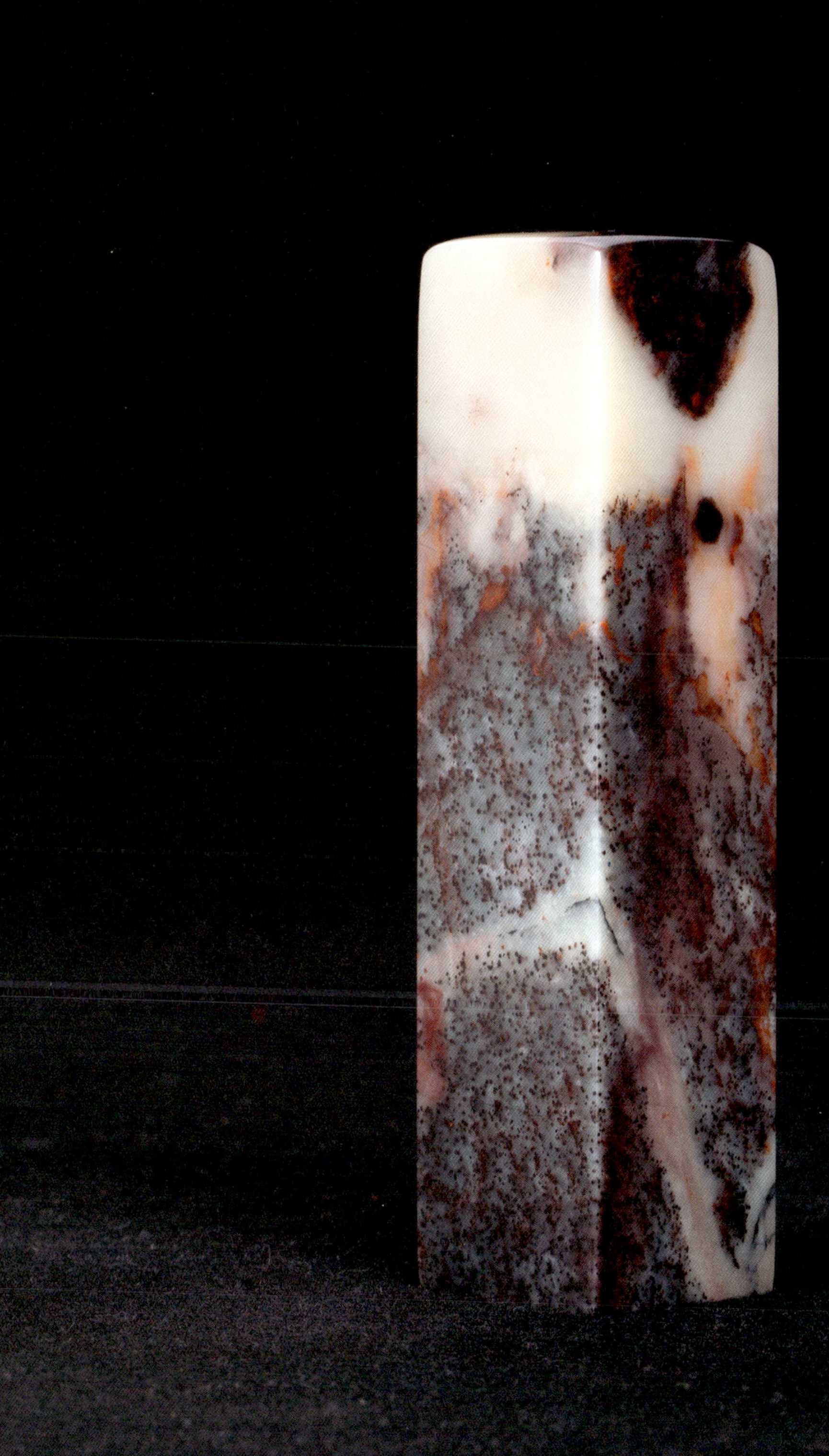

1. 鹅凸朱砂
2. 王冕五彩朱砂
3. 王冕红梅朱砂
4. 鹅凸黄玉朱砂
5. 鹅凸黄玉朱砂

1. 王冕白玉朱砂	2. 鹅凸朱砂	6. 王冕墨梅朱砂
3. 王冕白玉朱砂	4. 鹅凸朱砂	7. 鹅凸朱砂
5. 鹅凸朱砂原石		

1. 王冕墨梅朱砂 | 2. 鹅凸金丝铁线朱砂 | 3. 鹅凸朱砂

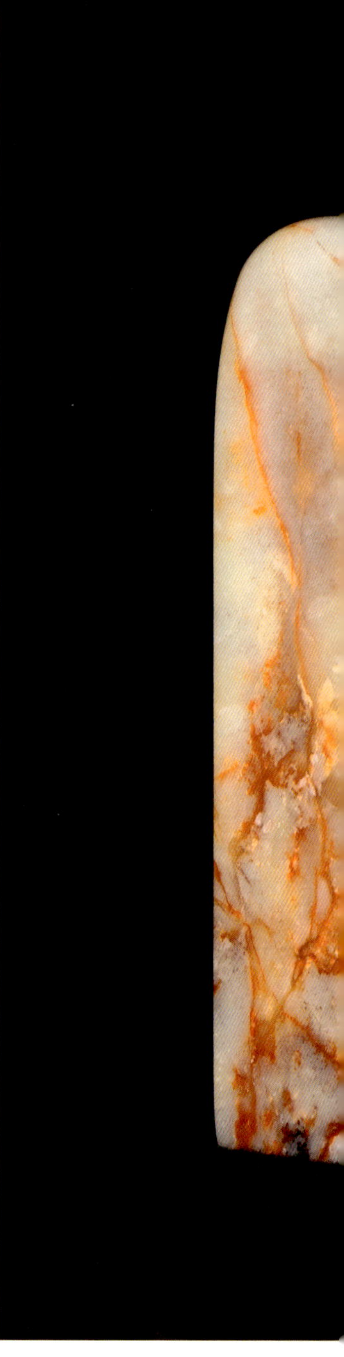

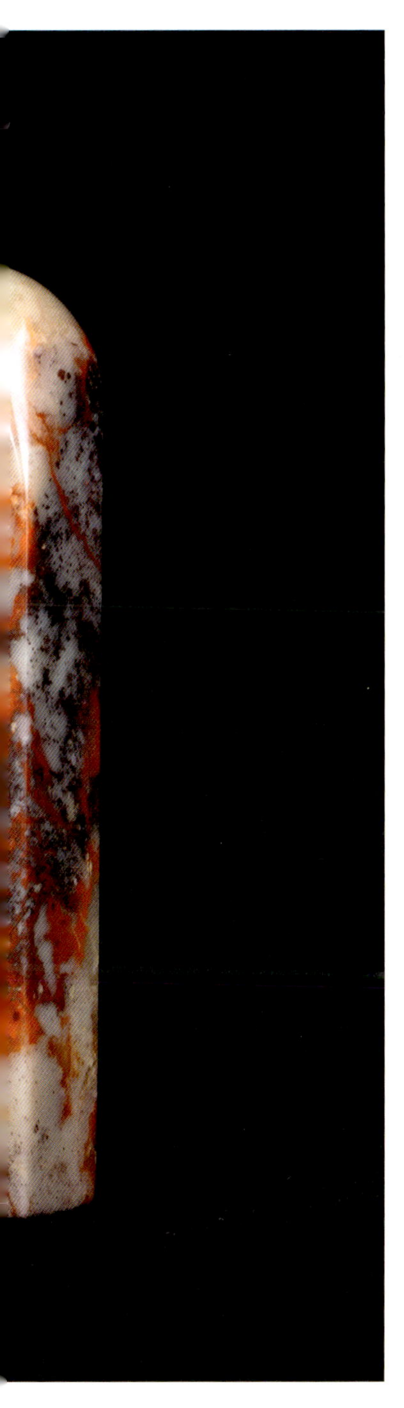

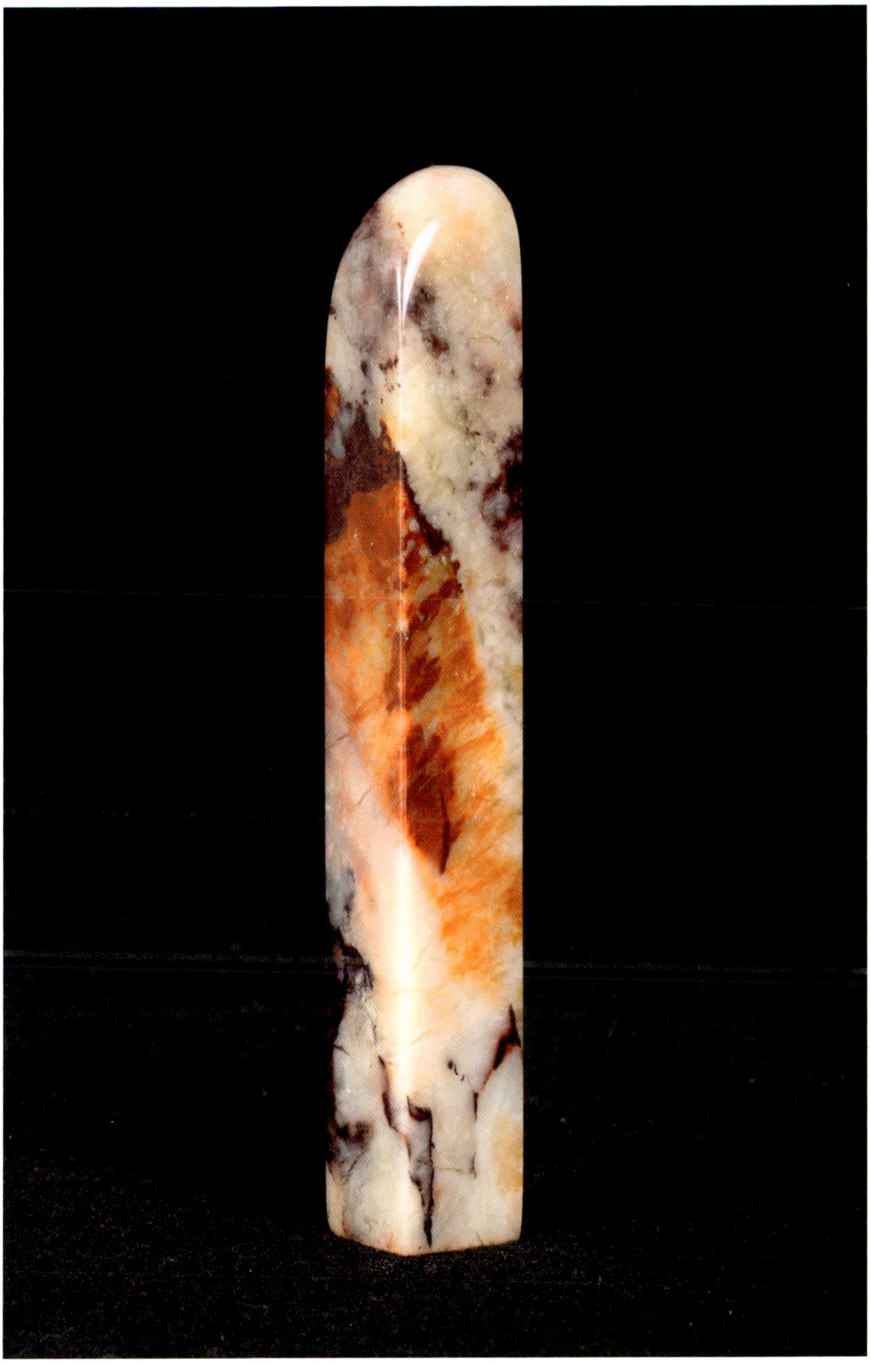

1. 鹅凸朱砂	2. 王冕白玉朱砂	3. 鹅凸五彩朱砂
	4. 王冕白玉朱砂	5. 王冕白玉朱砂

1. 鹅凸朱砂对章	2. 鹅凸朱砂	5. 王冕白玉朱砂
3. 鹅凸朱砂对章	4. 王冕五彩朱砂	

1. 王冕刘关张朱砂 | 2. 鹅凸朱砂 | 3. 鹅凸朱砂 | 4. 王冕梅花点朱砂

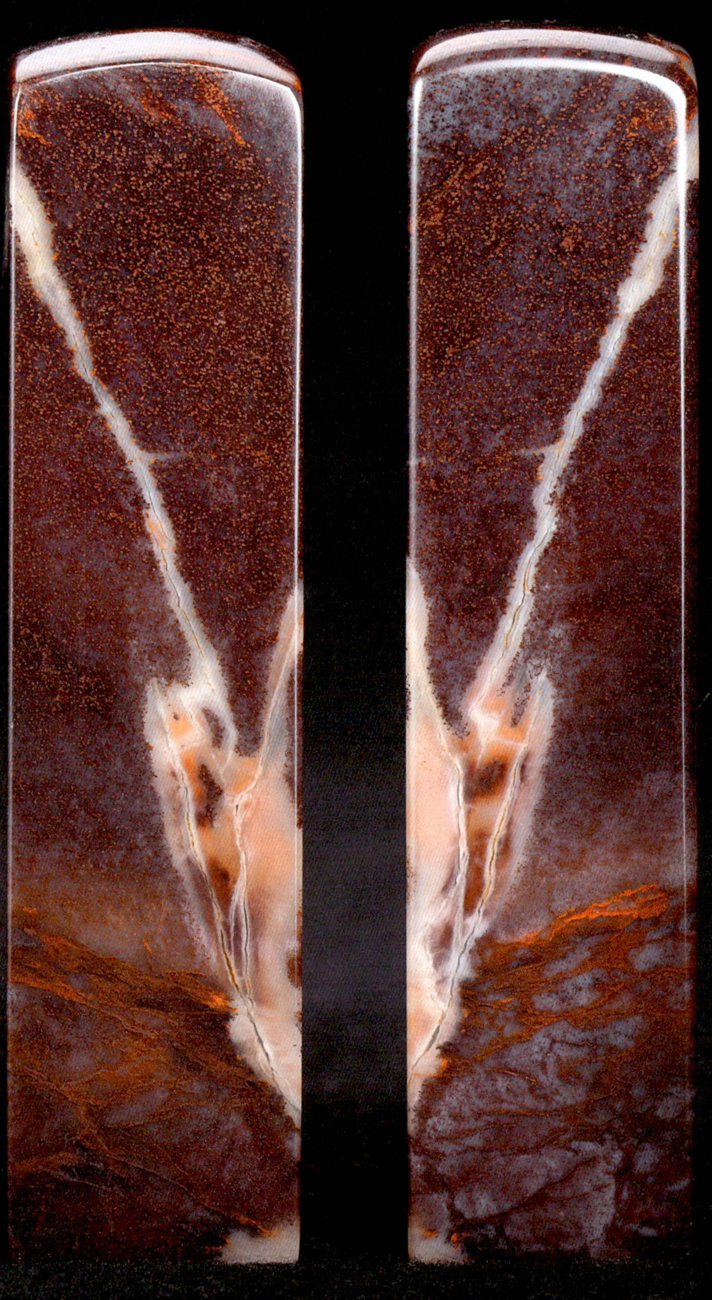

1. 王冕红梅朱砂对章

2. 王冕红梅朱砂 | 3. 王冕墨梅朱砂

4. 鹅凸朱砂

1. 王冕墨梅朱砂	2. 鹅凸朱砂
3. 王冕白梅朱砂	4. 王冕红梅朱砂

1. 鹅凸黄冻朱砂

2. 鹅凸朱砂

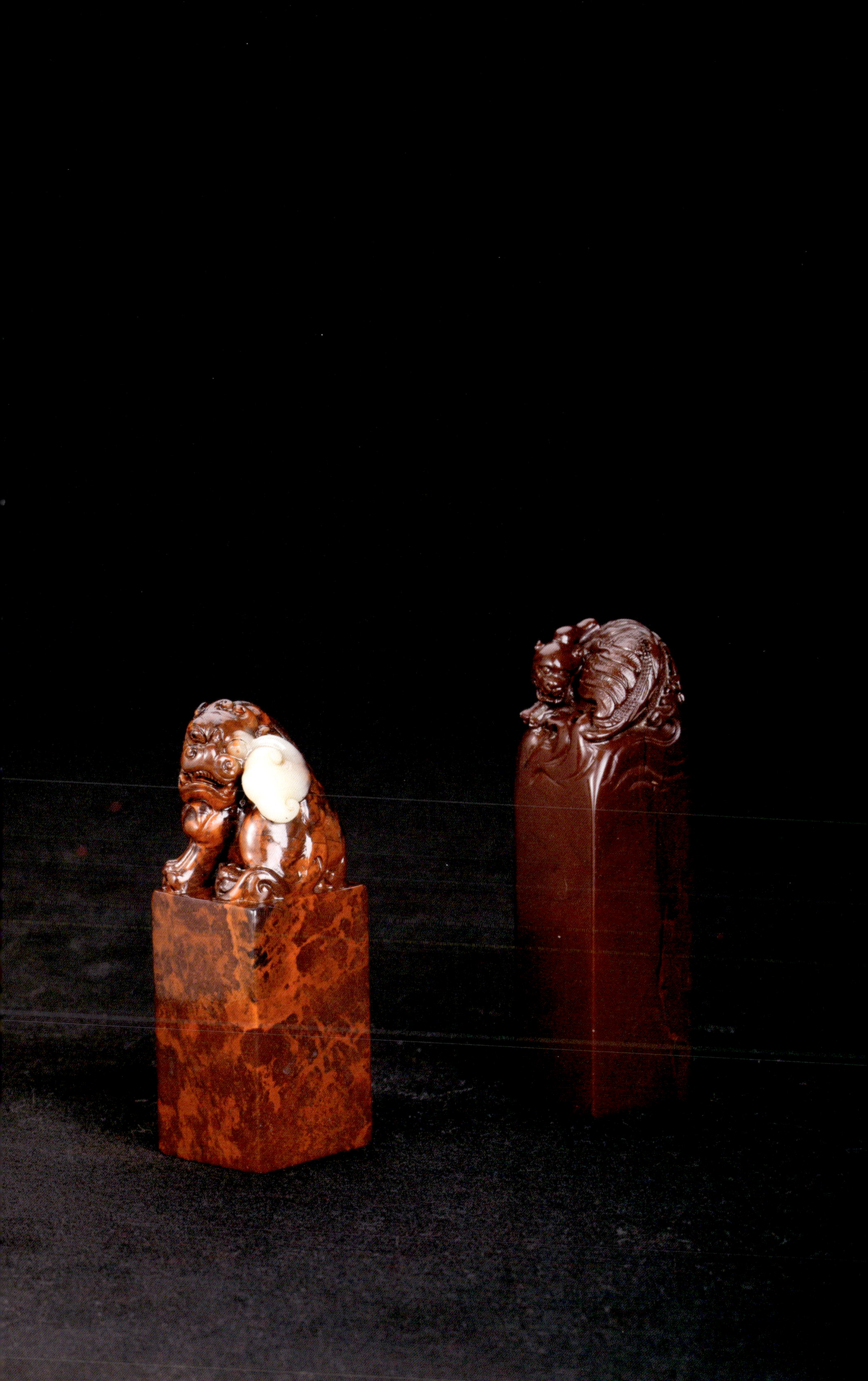

1. 王冕五彩朱砂	2. 鹅凸朱砂	3. 鹅凸黄玉朱砂	7. 鹅凸朱砂
4. 鹅凸朱砂	5. 鹅凸朱砂	6. 王冕红梅朱砂	8. 王冕白玉朱砂

1. 鹅凸朱砂

2. 王冕红梅朱砂

1. 鹅凸西施花乳冻	2. 鹅凸西施花乳冻	5. 鹅凸西施花乳冻
3. 鹅凸西施花乳冻	4. 鹅凸西施花乳冻	

1. 鹅凸西施花乳冻	2. 鹅凸西施花乳冻	3. 鹅凸西施花乳冻	4. 鹅凸西施花乳冻	5. 鹅凸西施花乳冻
6. 鹅凸花坑	7. 鹅凸西施红花冻	8. 鹅凸花坑	9. 鹅凸西施花乳冻	10. 鹅凸兰台晶

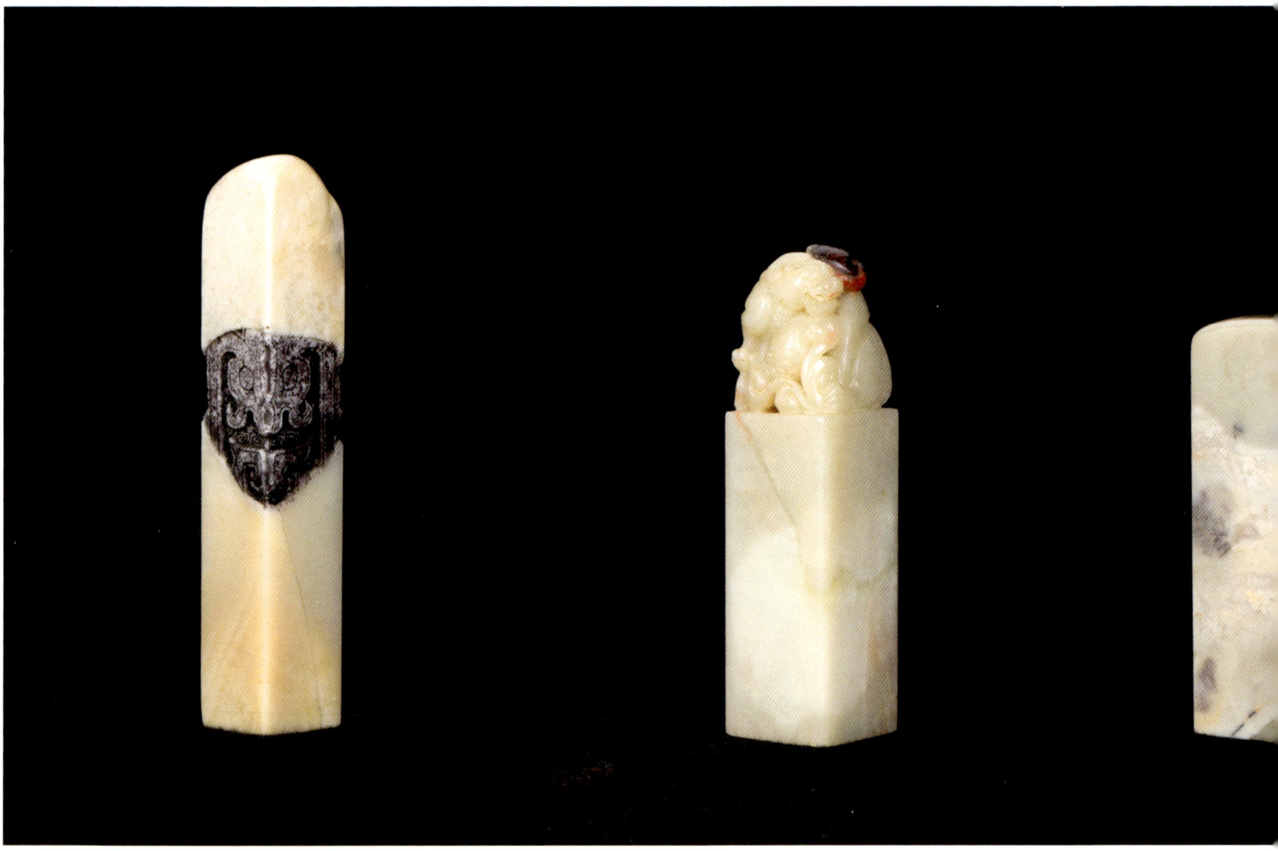

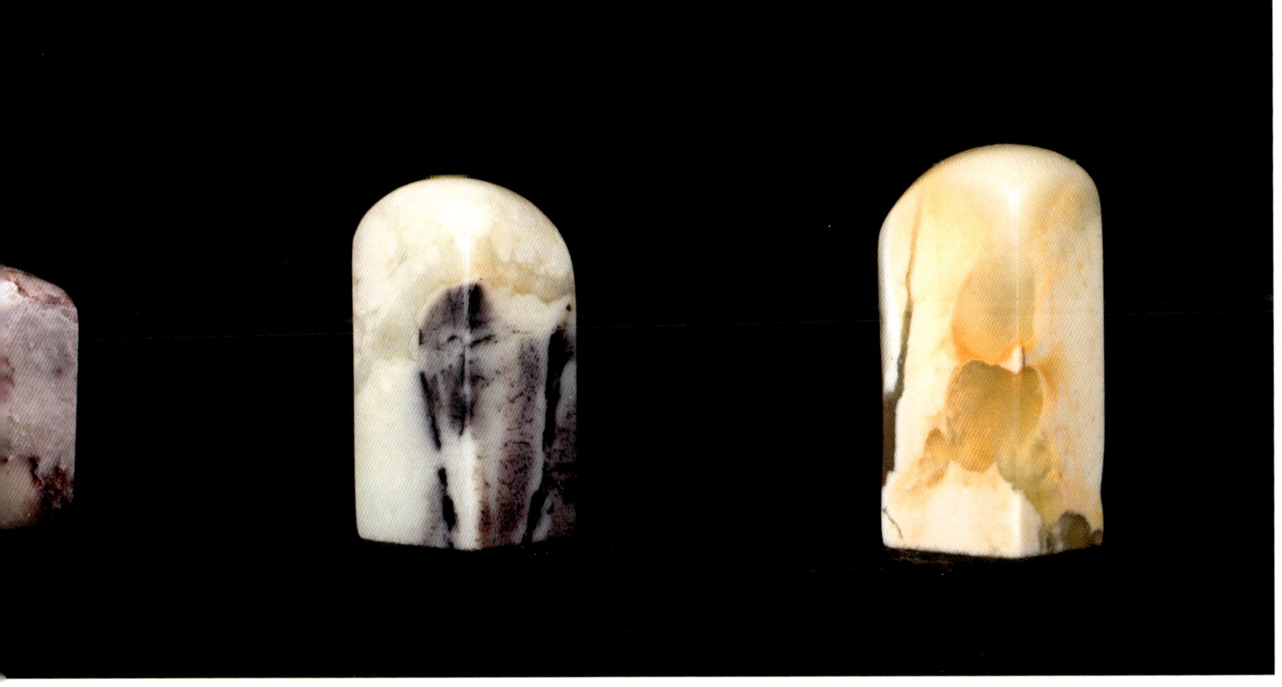

1. 鹅凸紫檀冻	2. 鹅凸紫檀冻	5. 鹅凸西施红花冻
3. 鹅凸紫檀	4. 鹅凸红木	

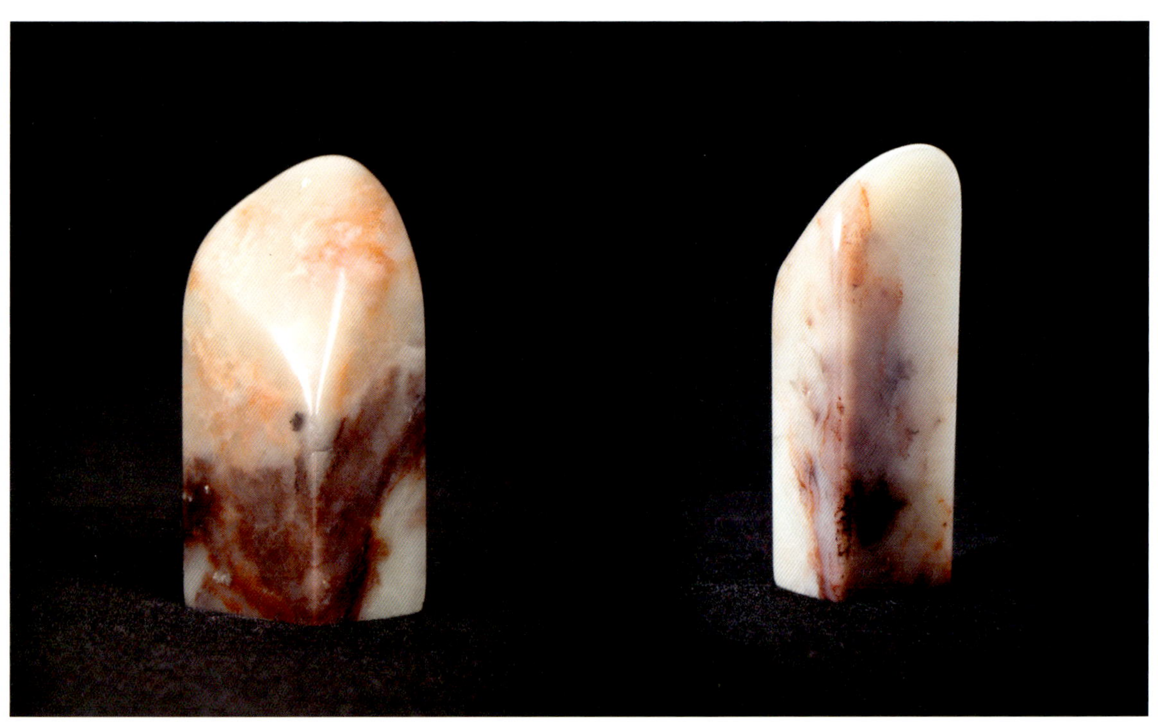

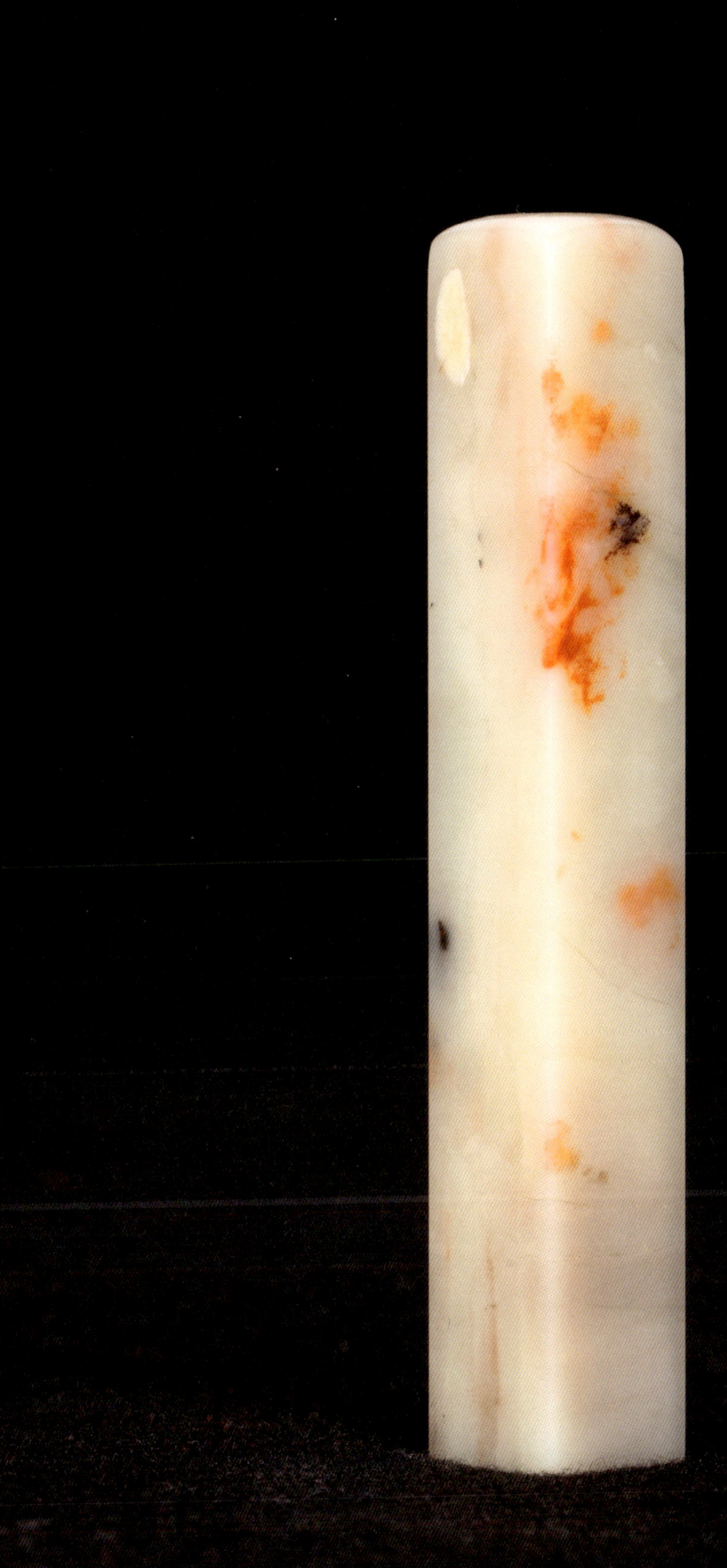

<table>
<tr><td rowspan="2">1. 鹅凸西施花乳冻</td><td>2. 鹅凸西施花乳冻</td><td>3. 鹅凸西施花乳冻</td><td>4. 鹅凸紫檀冻</td></tr>
<tr><td>5. 鹅凸西施花乳冻</td><td>6. 鹅凸五彩冻</td><td>7. 鹅凸紫檀冻</td></tr>
</table>

1. 鹅凸西施粉冻

2. 鹅凸花坑冻原石

3. 鹅凸花坑冻原石

1. 鹅凸兰台晶	3. 鹅凸西施花乳冻	4. 鹅凸西施花乳冻
2. 鹅凸兰台晶	5. 鹅凸花坑冻	6. 鹅凸五彩冻
	7. 鹅凸西施红	8. 鹅凸兰台晶

1. 鹅凸兰台晶

2. 鹅凸花坑冻

3. 鹅凸花坑冻

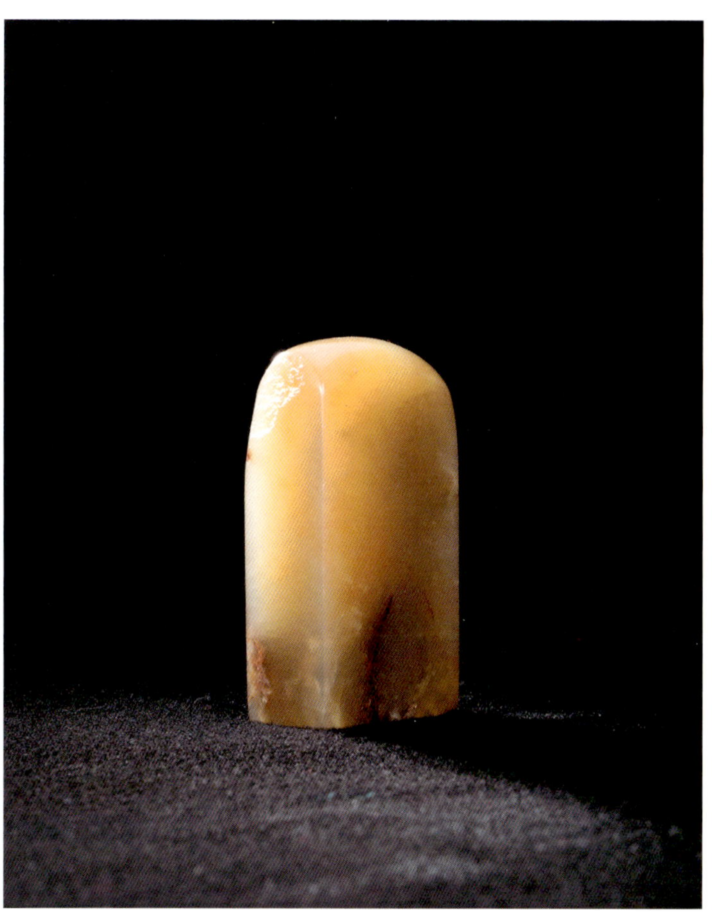

1. 鹅凸西施花乳冻原石 | 2. 鹅凸豆沙冻 | 3. 鹅凸西施花乳冻

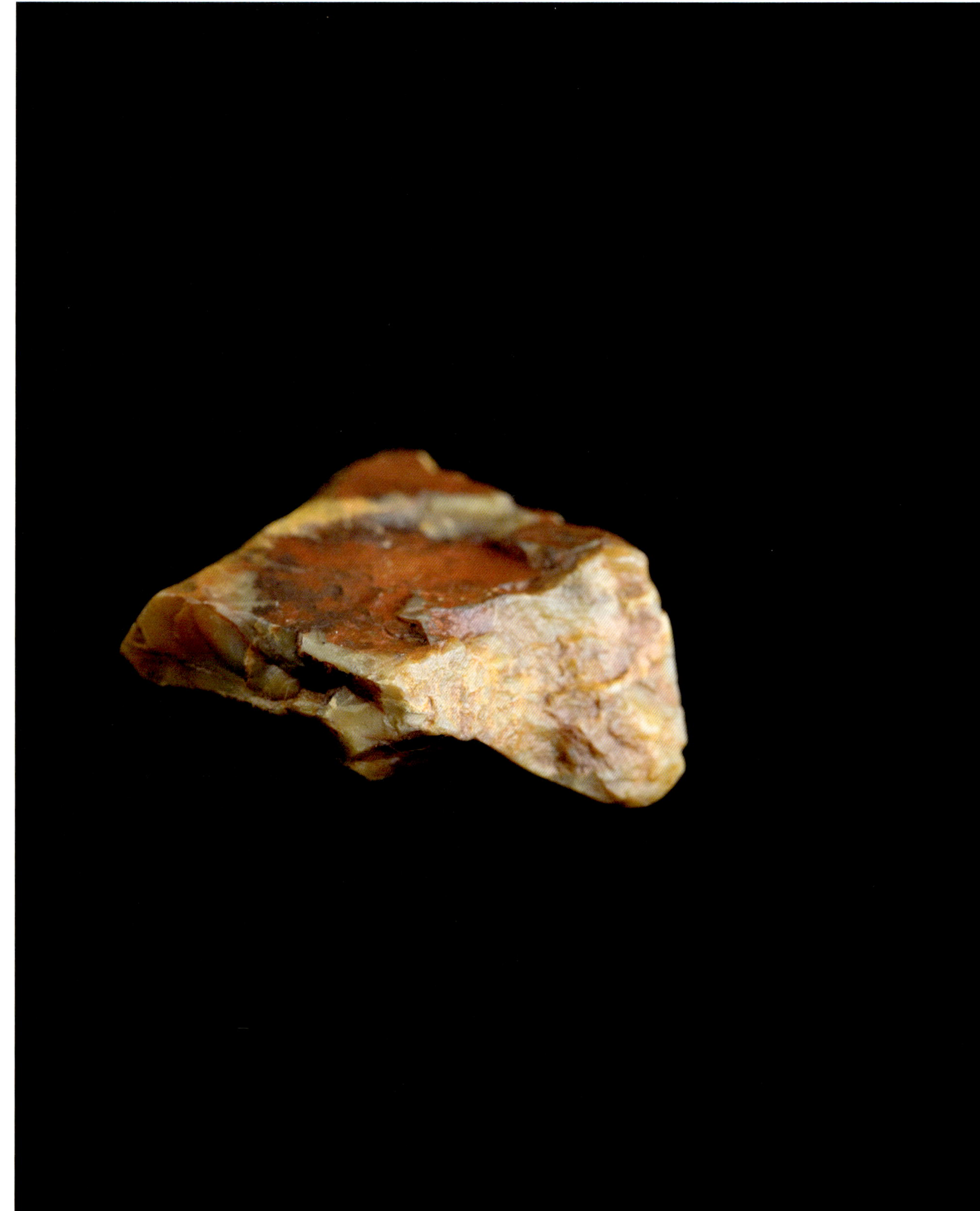

1. 鹅凸紫檀	2. 鹅凸花坑	3. 鹅凸紫檀	4. 鹅凸花坑
5. 鹅凸紫檀	6. 鹅凸紫檀	7. 鹅凸紫檀	8. 鹅凸老莲青冻

上京矿

上京矿于 1983 年开采，1996 年政府下令停产，当时矿石主要销往日本，矿场位于上京村荐福寺山腰，现还保留着当年开挖过的矿洞。上京石为多数人所熟悉，大部分开采出来的上京石品质一般，质地不够纯，但篆刻刀感很稳定，基本以青灰色为主，也有深紫色、淡粉色。大部分石头夹着白色和灰色点状，整体没有很好地玉化。但也有极为干净的乳白色品种和透明的玻璃冻石产出，只是稀少，难得一见。

1. 上京青原石	2. 上京紫檀	3. 上京小桃红
	4. 上京紫檀	5. 上京紫檀

1. 上京白
2. 上京白
3. 上京花坑

1. 上京白玉冻　2. 上京小桃红　3. 上京白　4. 上京晶

1. 上京青
2. 上京白
3. 上京紫檀
4. 上京紫檀

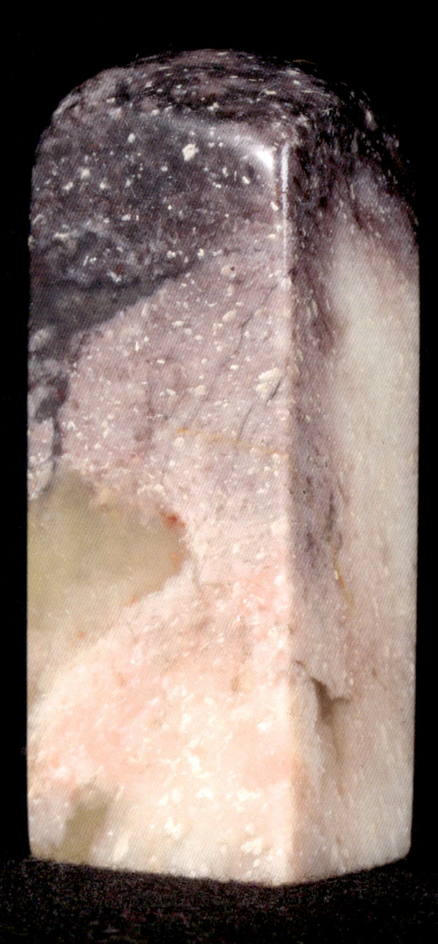

1. 上京小桃红

2. 上京花坑

3. 上京花坑

留坞山矿

此矿位于赵家镇留坞山麓，开采于 20 世纪 90 年代，矿场规模较小，但出产的叶蜡石品种丰富，品质极高，为诸暨王冕石之佼佼者。主要以白色、深紫、红木、墨花、青色为主，白色佳者如羊脂白玉般温润凝洁，亦有细腻的黄色籽料出现，可与田黄媲美，不可多得。

1. 留坞黄	2. 留坞黄	3. 留坞黄
	4. 留坞黄	5. 留坞菜花

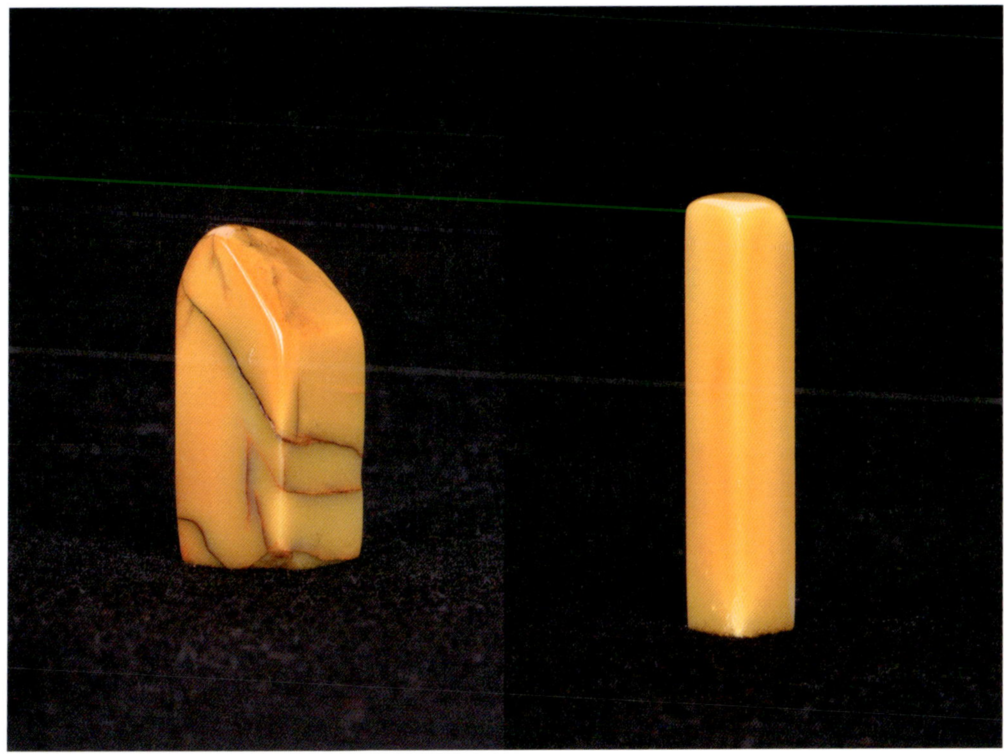

1. 留坞黄
2. 留坞玛瑙冻
3. 留坞金包银手把件

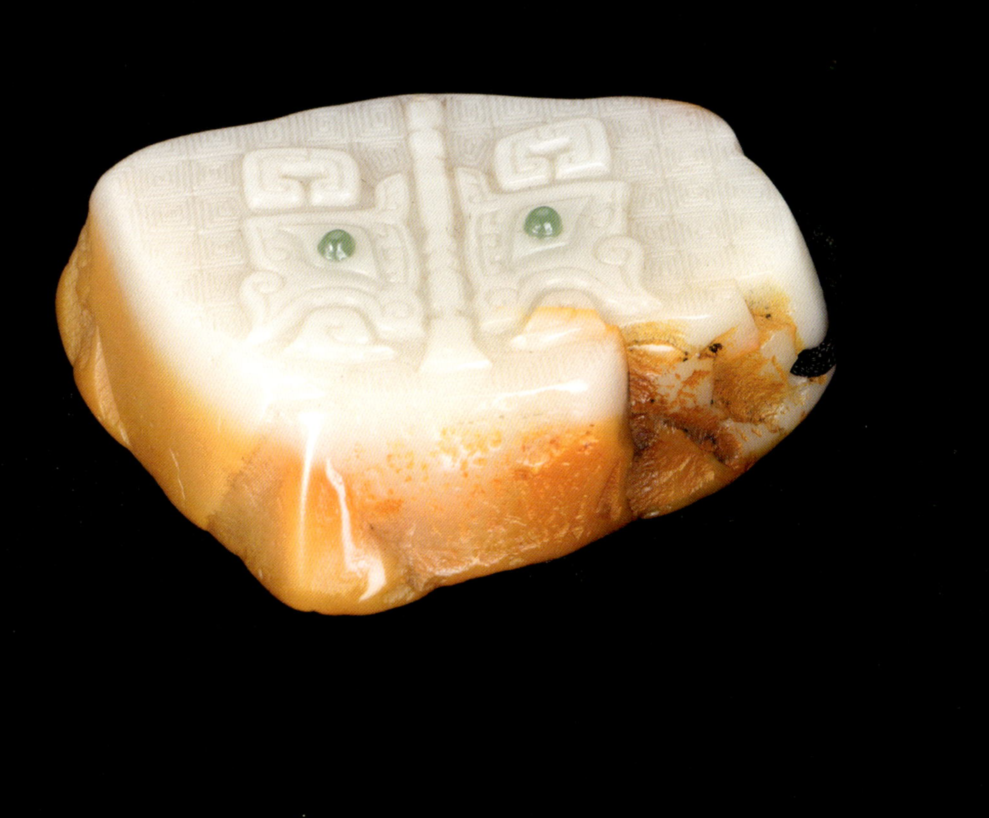

1. 留坞黄 | 2. 留坞紫檀 | 3. 留坞白玉紫檀 | 4. 留坞花檀

1. 留坞奇纹	2. 留坞玛瑙冻	3. 留坞老莲青
4. 留坞奇纹	5. 留坞奇纹	6. 留坞奇纹

1. 留坞紫檀	2. 留坞花檀	3. 留坞紫檀
4. 留坞紫檀	5. 留坞花檀	6. 留坞墨白玉

<table>
<tr><td>1. 留坞朱砂</td><td>2. 留坞花檀</td><td rowspan="2">5. 留坞铁崖黑</td></tr>
<tr><td>3. 留坞白玉紫檀</td><td>4. 留坞铁崖黑</td></tr>
</table>

1.留坞白玉紫檀	2. 留坞白玉紫檀	3. 留坞红木	4. 留坞白玉紫檀
		5. 留坞花檀	6. 留坞白玉紫檀

1. 留坞白玉紫檀原石

2. 留坞花檀

3. 留坞白玉紫檀

4. 留坞白玉紫檀

1. 留坞白玉紫檀

2. 留坞白玉紫檀

3. 留坞白玉紫檀

4. 留坞白玉紫檀

5. 留坞朱砂

1. 留坞白玉紫檀
2. 留坞白玉紫檀
3. 留坞白玉紫檀

1. 留坞白玉红木	2. 留坞白玉红木	3. 留坞白玉红木
	4. 留坞红木	5. 留坞白玉红木

1. 留坞花檀	3. 留坞墨白玉	4. 留坞茄花白玉
2. 留坞紫檀	5. 留坞墨白玉	6. 留坞墨白玉

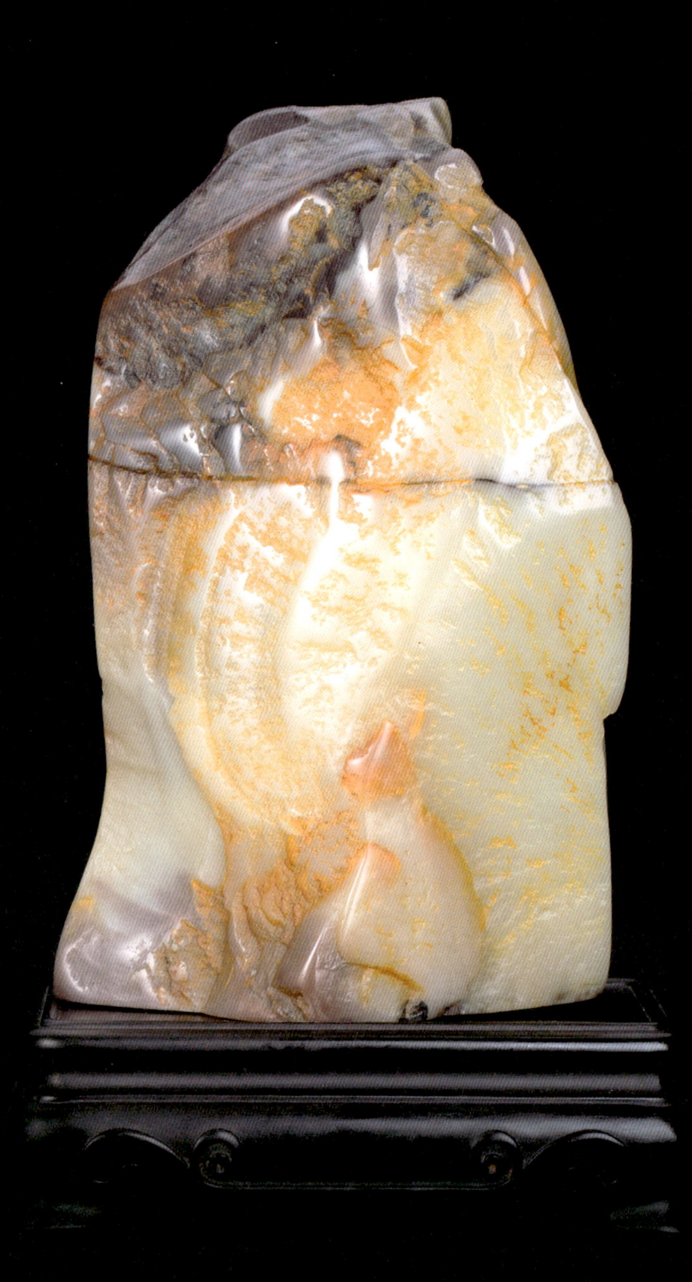

1. 留坞茄花白玉原石	2. 留坞西施白玉冻	3. 留坞西施白玉冻	4. 留坞西施白玉冻
	5. 留坞西施白玉冻	6. 留坞西施白玉冻	7. 留坞茄花白玉冻

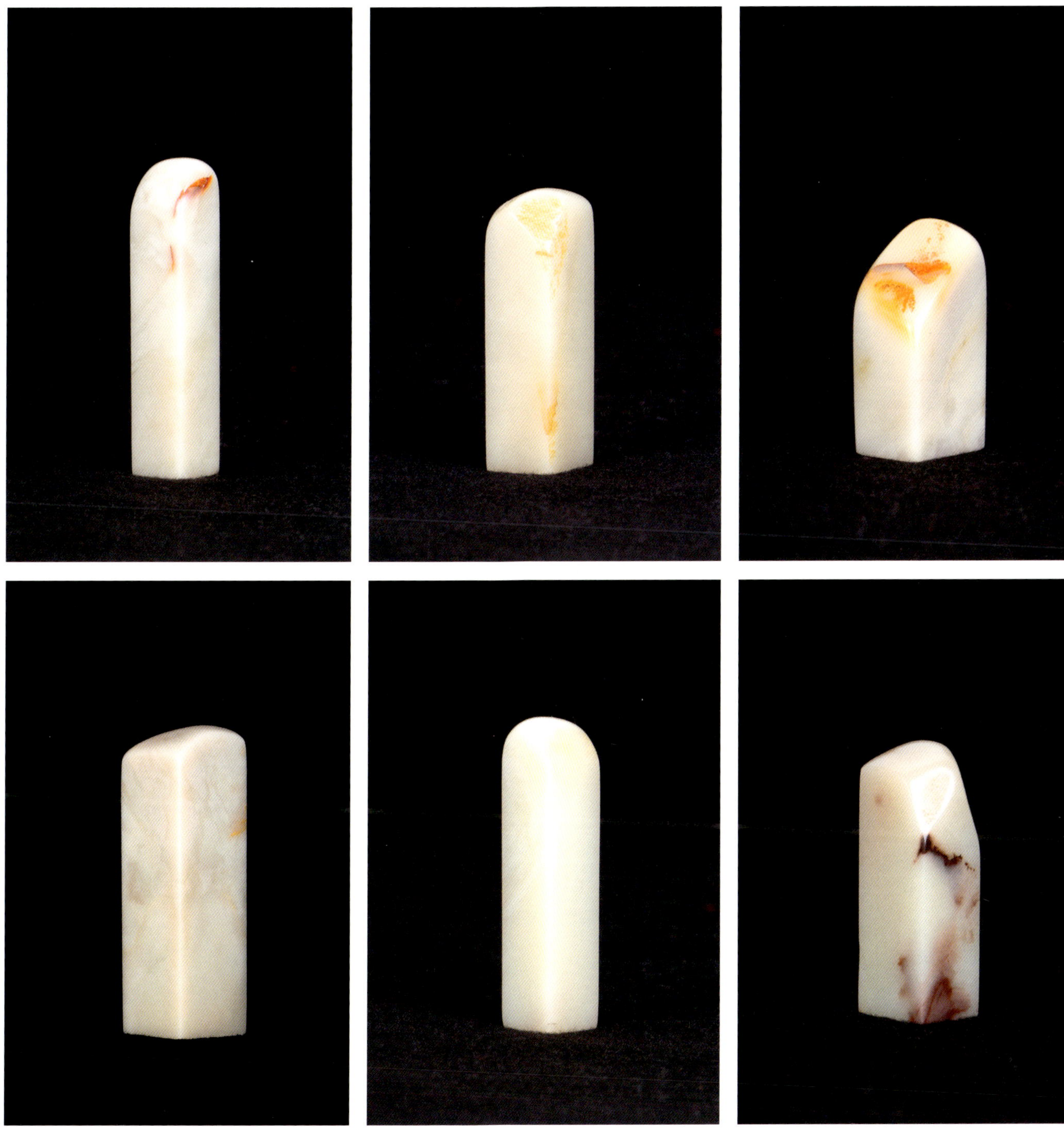

1. 留坞黄白冻

2. 留坞黄白冻

3. 留坞西施白玉冻

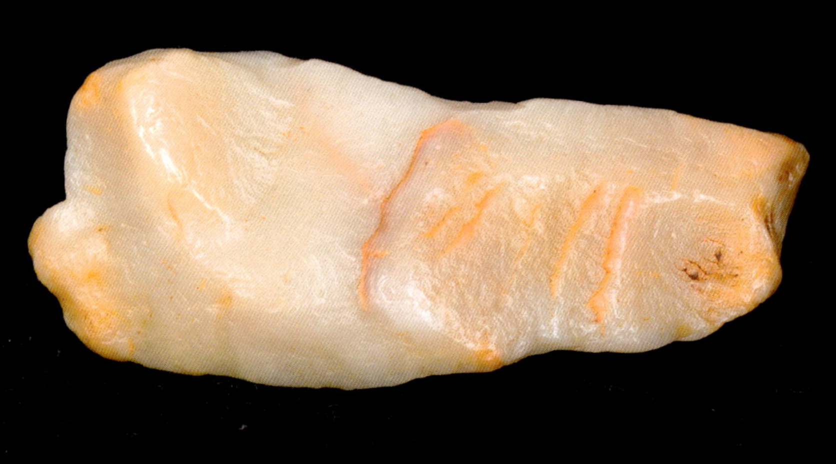

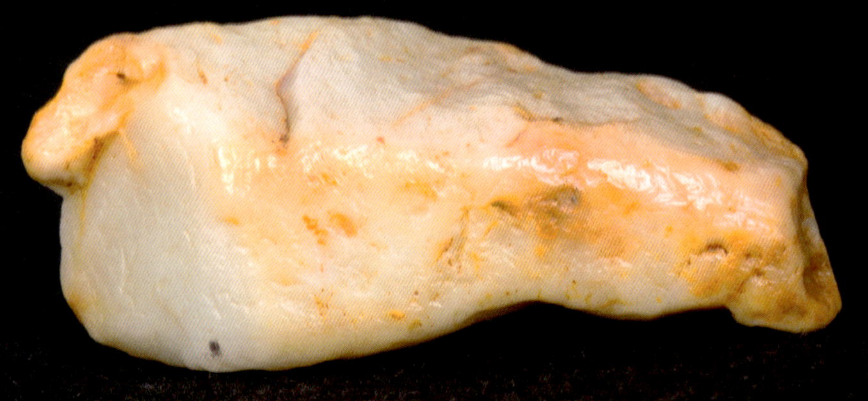

1. 留坞西施白玉冻原石

2. 留坞白玉紫檀

3. 留坞白玉紫檀

1. 留坞花檀	2. 留坞花檀	3. 留坞白玉紫檀	4. 留坞老莲青冻
	5. 留坞花檀	6. 留坞花檀	7. 留坞玛瑙

大悟矿

大悟矿位于枫桥镇大悟村，现枫源村。该矿于1984年开采，1996年停产，当时为村办高岭土矿，开采规模比较大。含铝量高的矿石销往日本，品质差一点的销往江西、四川用作陶瓷原料，但作为伴生矿的叶蜡石品种却很少，质地偏嫩，而多裂，以青色、青色带紫、青色带朱砂为主。

1. 大悟老莲青	2. 大悟老莲青
3. 大悟水磨冻石	4. 大悟老莲青

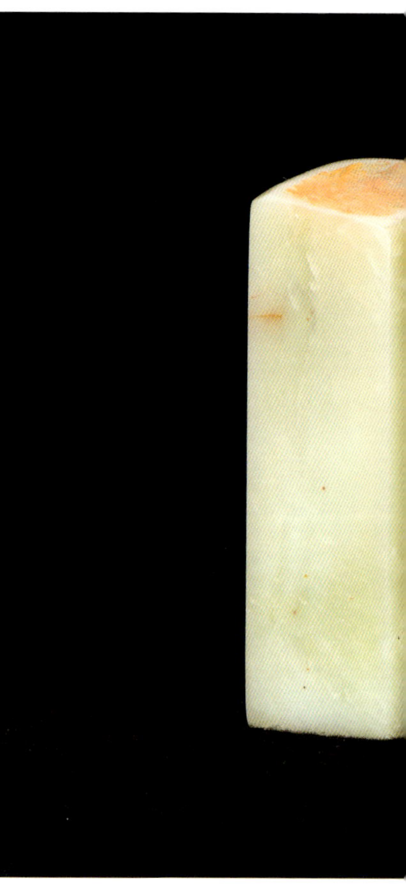

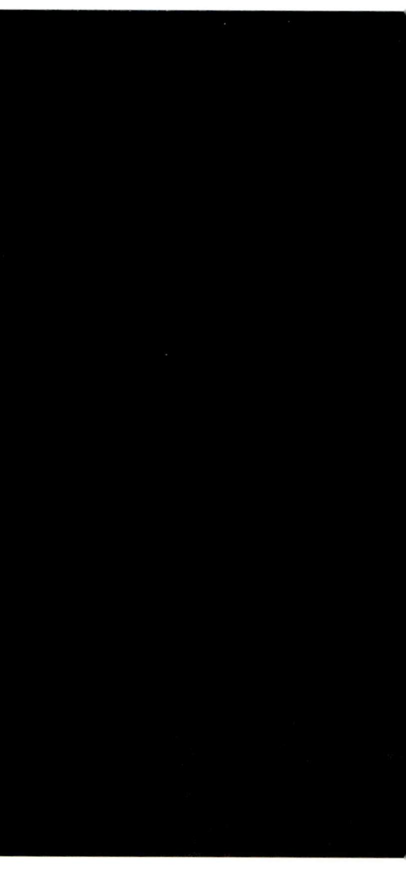

1. 大悟朱砂	3. 大悟茄子青冻石
2. 大悟老莲青	4. 大悟茄子青冻石

太山矿

此矿位于枫桥镇太山村。于 1984 年开采，规模较大，有数个矿场相连。该矿所产石种更接近青田或福建寿山石，以青白色、紫色、五彩、纯白色、朱砂、花坑品种为主。石质细腻，软硬适中，色泽斑斓，品种奇特，为王冕印石中品种最为丰富的一个矿口，其中部分花坑石与寿山花坑两种石料别无二致。该矿现已停产。

1. 太山花坑
2. 太山花坑原石
3. 太山花坑

1. 太山花坑冻

2. 太山老莲青

3. 太山象牙白

1. 太山象牙白 | 2. 太山老莲青 | 3. 太山象牙白

1. 太山老莲青冻原石

2. 太山老莲白冻

3. 太山蚕豆冻

1. 太山玛瑙奇纹冻
2. 太山黄檀
3. 太山金皮花坑

太山奇纹系列

1. 太山朱砂	2. 太山朱砂	5. 太山朱砂
3. 太山朱砂	4. 太山红木	

1. 太山玛瑙冻
2. 太山玛瑙冻
3. 太山艾叶晶

1. 太山玛瑙冻
2. 太山玛瑙冻
3. 太山玛瑙冻

1. 太山花檀	2. 太山鸡血	5. 太山五彩
3. 太山鸡血	4. 太山花檀	

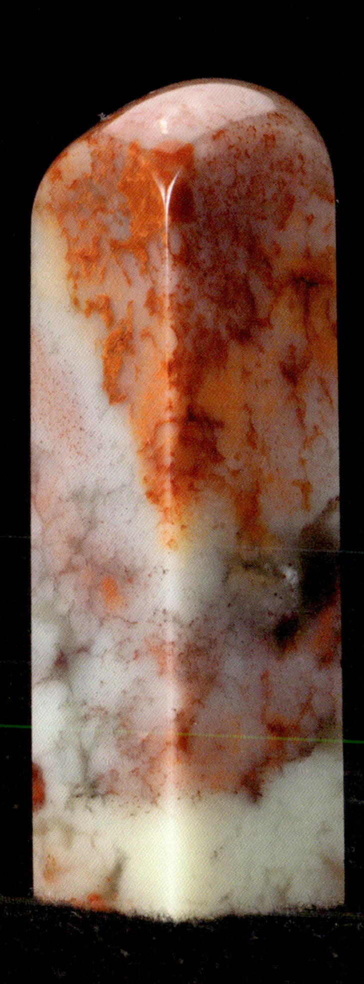

1. 太山黄玉冻

2. 太山黄玉冻	3. 太山黄玉冻
4. 太山老莲白冻	5. 太山玛瑙冻
6. 太山五彩	7. 太山紫檀冻

1. 太山花坑猥冰纹
2. 太山黄玉冻
3. 太山朱砂艾叶晶

1. 太山三彩冻	3. 太山紫檀冻	4. 太山红花冻
2. 太山玛瑙冻	5. 太山玛瑙冻	6. 太山五彩冻

菩提矿

菩提矿位于赵家镇北菩提村后山，矿场规模不大，品种类别少。至目前发现仅有三五个品种，以带花纹的瓷白、青白、褐红为主，品质温润细腻。少有半透明的冻石产出和整块黄皮包裹的籽料，非常之惊艳。

1. 菩提紫
2. 菩提紫
3. 菩提紫

1. 菩提晶
2. 菩提晶
3. 菩提晶原石
4. 菩提紫

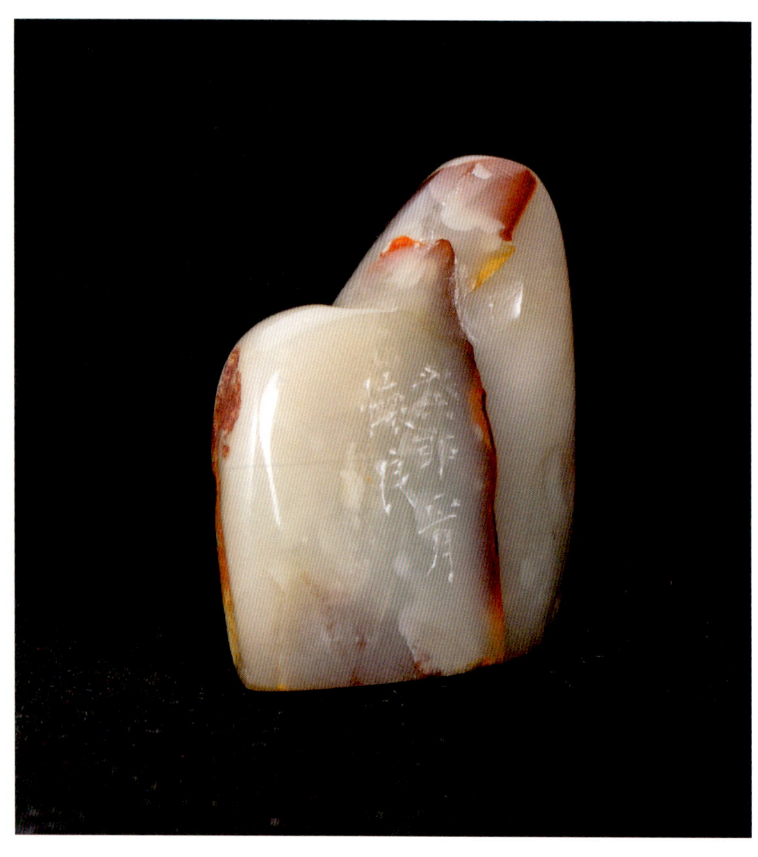

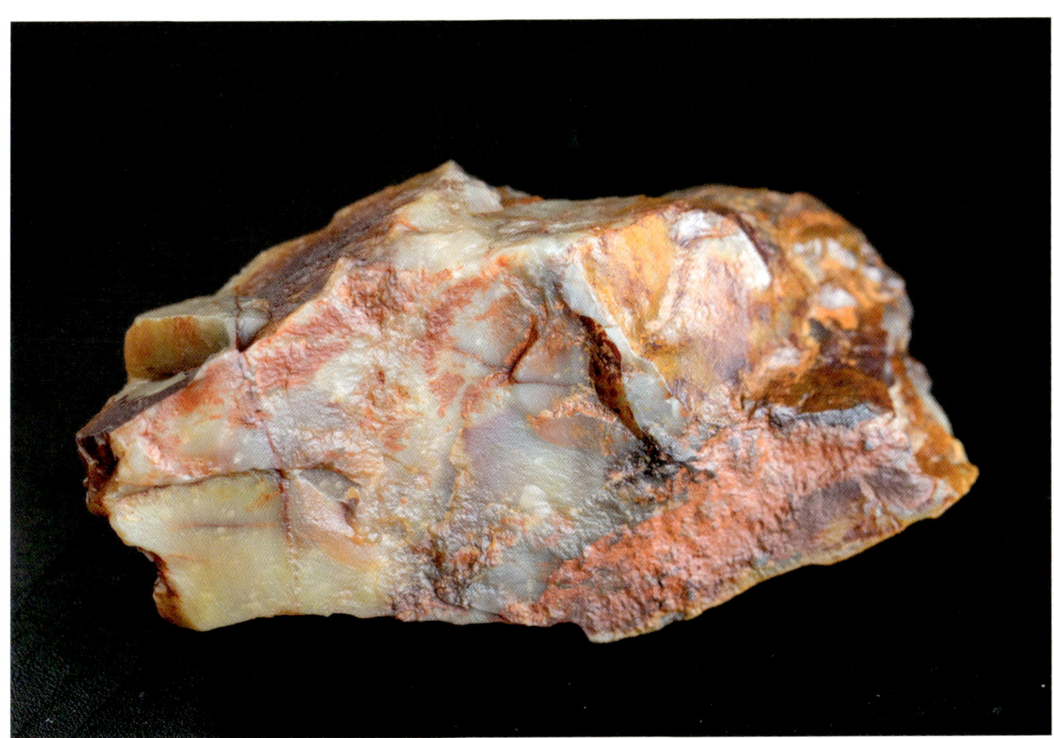

1. 菩提金包银 | 2. 菩提金包银 | 3. 菩提奇纹 | 4. 菩提奇纹 | 5. 菩提紫

西山矿

西山矿与留坞山为邻，属赵家镇，有大小数矿，以山顶和山脚两矿所产石质为最佳，于20世纪70年代当作普通石料场开采，后因出现高岭土矿脉才改为开采高岭土，并伴生有叶蜡石。山顶矿石种以朱砂、黄白、红白、青色为主，石质细腻温润。山脚矿石种以紫檀红木、赤墨色、淡青色为主，石质晶莹，纹理多变。亦有玻璃冻者，与青田岩门晶难以区别。

1. 西山西施黄玉	3. 西山西施黄玉
2. 西山西施白玉	4. 西山老莲青原石

西山晶系列

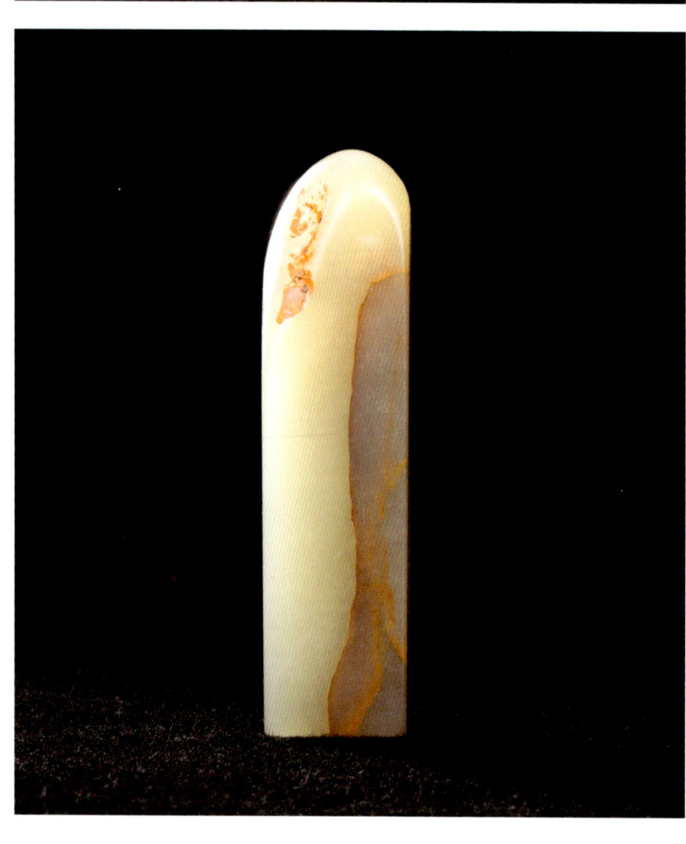

1. 西山老莲铁线青

2. 西山老莲青冻

3. 西山老莲青冻

1. 西山老莲青玛瑙
2. 西山老莲青冻
3. 西山老莲青玛瑙

1. 西山老莲青	2. 西山红木	4. 西山老莲青
3. 西山红木		5. 西山红木

1. 西山铁崖黑檀

2. 西山紫檀冻

3. 西山紫檀冻

1. 西山朱砂	2. 西山朱砂	3. 西山朱砂	7. 西山朱砂
4. 西山朱砂	5. 西山花檀	6. 西山花檀	

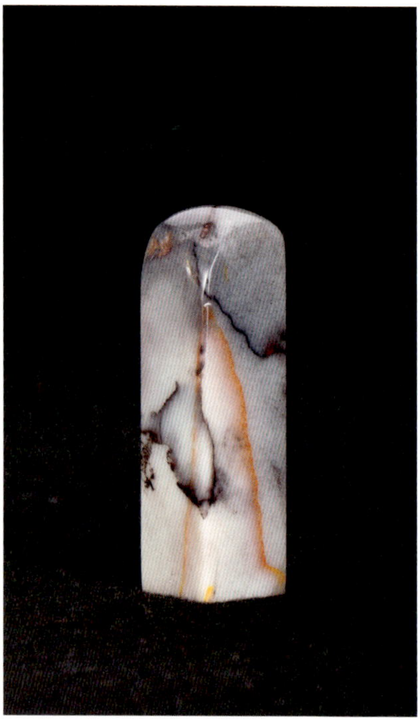

1. 西山黑玛瑙 | 2. 西山老莲青 | 3. 西山老莲青

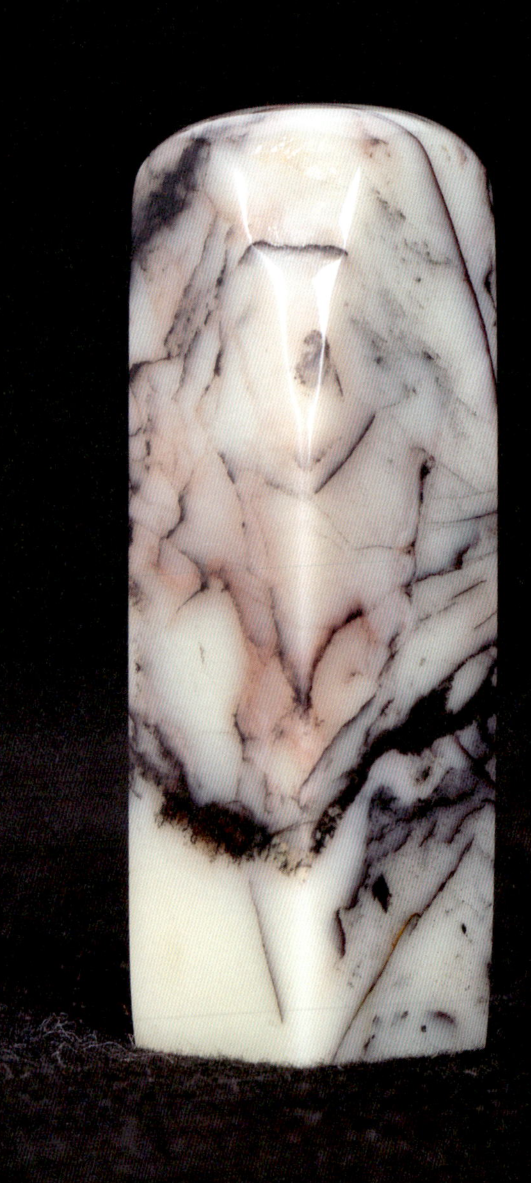

1. 西山紫檀冻

2. 西山老莲青

3. 西山紫檀冻

1. 西山老莲青	2. 西山紫云	6. 西山西施白玉

3. 西山花檀	4. 西山紫云	5. 西山紫云

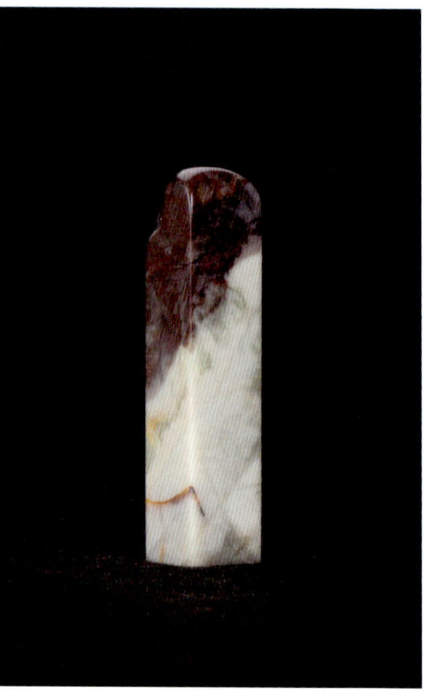

1. 西山老莲青	2. 西山西施白玉	5. 西山老莲青玛瑙
3. 西山老莲青	4. 西山老莲青	

1. 西山紫檀
2. 西山五彩
3. 西山紫檀冻

西山五彩冻

诸暨印社部分社员

王冕石篆刻作品

作者　郑雨春

印文　淡定从容
边款　淡定从容。庚子正月，雨春制。
印文　支离神迈
边款　支离神迈。庚子岁末，雨春。
印文　微雨众卉新
边款　微雨众卉新。壬寅夏月，雨春。

作者　陈民

印文　石不能言最可人

边款　花如解语还多事，石不能言最可人。陆游诗意。刻为怀良先生追崇王冕集翠花乳攻玉，成善也。丁酉大暑时节，西泠印人陈民记之。

印文　山阴道上人家

边款　鉴水湖边舟似月，山阴道上镜如花。三环路口亭中塔，八字桥头故里家。七律绝句《山阴道上》一首。己未秋，西泠陈民并记之。王逸少有“山阴道上行，如在（游）镜中游”名句，今意刻朱文以悟，敏之又刻。

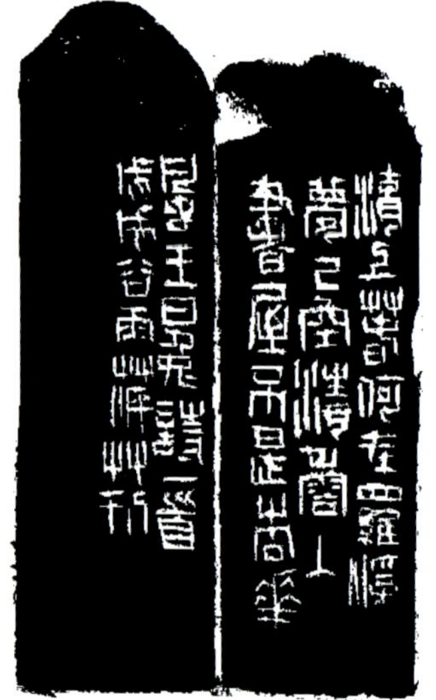

作者　陈益东

印文　佛像（肖形）
边款　无量寿。萍草造像。
印文　清香入书屋
边款　湖上春何在？罗浮梦已空。清香入书屋，不是杏花风。王冕诗一首，戊戌谷雨，萍草刊。

作者　郦阳胜

印文　煮石山房

边款　煮石山房。癸卯，沙如刻。

印文　紫阆云烟

边款　紫阆云烟。癸卯大暑，沙如篆。

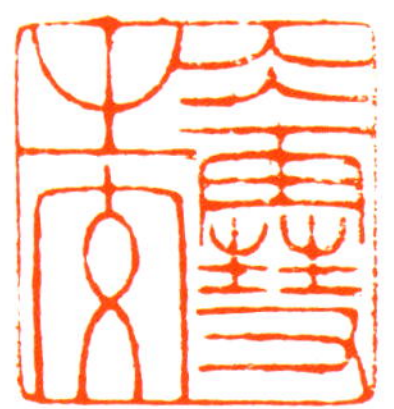

作者　许小平

印文　琴罢看鹤去
边款　琴罢看鹤去。戊戌年，小平刻。
印文　冰雪之交
印文　邻鹤斋

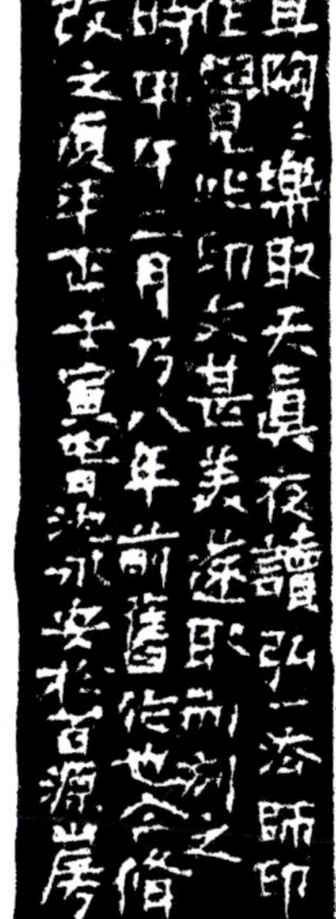

作者　沈永安

印文　与善人居如入芝兰之室
印文　无尽意
印文　烟云供养
印文　且陶陶乐取天真
边款　且陶陶乐取天真。夜读弘一法师印作，觉此印文甚美，遂取而刻之。时甲午二月，乃八年前旧作也，今修改之，须平正。壬寅春，沈永安于百源山房。

作者　马文波（闻波）

印文　癸卯

印文　一言九鼎

印文　癸卯

边款　除夕夜刻，闻波。印就，除夕钟声已敲过十二下，闻波又记。

作者　杨曙

印文　能者为师
印文　印贫三面刻
印文　处其厚
边款　处其厚。杨曙。

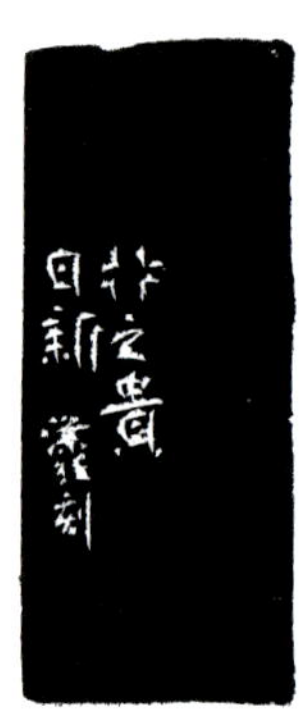

作者　何涤非

印文　平生心事消散尽

印文　长乐未央

边款　长乐未央。癸卯六月，试刻诸暨石，西泠何涤非。

印文　激流起平地

印文　行之贵日新

边款　行之贵日新。涤非刻。

作者 郦挺

印文 诸暨印石

边款 此石为诸暨赵家上京，疑即王冕刻印之花乳石也。犴堂记。

印文 俞明手拓

作者　赵天飚

印文　西施浣纱

印文　海上丝绸之路

边款　秦汉会稽越，宋唐八闽通。南音丝路府，提线刺红桐。马可波罗记，泠泉涌鲤魟。安平桥上月，照亮乐州城。右刻陈民诗《海上丝绸之路》，庚子夏，天飚记于西施故里曲斋。

印文　源远流长

边款　夫源远者流长，根深者枝茂。应第二届海峡两岸中青年篆刻展览而作之。丁酉仲春，天飚于浙江浦阳江畔金鸡山下王冕故里归汉寓所。

作者　斯华良（怀良）

印文　印以汉宗

印文　陈蔡公社水湖庄大队

边款　余一九七三年四月初一生于陈蔡水湖庄，至今已五十一载矣。壬寅正月斯怀良记之。

印文　一碗泡饭半块腐乳

印文　心画

印文　王冕同里人

印文　印如其人

印文　九拙而孕一巧

印文　方外逍遥

边款　方外逍遥，仿元人印风。癸卯三月，怀良并记。

作者　朱乐潮

印文　民惟邦本

边款　民惟邦本。语出《尚书·五子之歌》："皇祖有训，民可近，不可下。民惟邦本，本固邦宁。"癸卯夏月乐潮刻。

印文　逐天狼

后 记

疏可走马，密不容针，篆刻艺术融万千气象于方寸之间，是一门独特而精致的艺术，承载着中国古代文化的精髓和千年的历史，彰显了中华艺术的独有魅力，是中国国粹之一。

习近平总书记今年 9 月在浙江考察时强调，浙江要更好担负起新时代新的文化使命，赓续历史文脉，加强文化遗产保护，推动优秀传统文化创造性转化、创新性发展。在此背景下，《诸暨王冕石》应时而生，与读者见面了。

诸暨先贤，元朝画家、诗人、书法家、篆刻家王冕首开用诸暨花乳石篆刻印章之先河，开创了中国文人自篆自刻的时代，迎来了篆刻艺术的空前发展。几大名石如寿山、昌化、青田等也因篆刻艺术发展增添了艺术创作和收藏价值。而对于王冕首刻的诸暨花乳石，历史上却不曾有过系统的研究和整理，为填补这一空白，诸暨市文联将王冕篆刻艺术与诸暨花乳石研究作为一个重要课题，诸暨市书法家协会组织相关专家学者以及印石爱好者通过史料考证、石矿分布调查、各矿点精品原石搜集等工作，系统分析研究王冕篆刻艺术和相关印石文化，起草整理《诸暨王冕石》书稿。

本书在编撰过程中得到了诸暨籍乡贤的关心和支持，感谢中共浙江省委原副书记、浙江省政协原主席周国富先生题词勉励，原浙江省文化厅厅长杨建新先生为本书作序，浙江省书法家协会主席赵雁君先生题写书名，浙江省书法家协会副主席兼秘书长何涤非先生篆刻本书封底“王冕石”三字印章，浙江省博物馆副馆长许洪流先生题写赞语；感谢周高宇、徐晓刚、郦挺等专家学者分别撰写学术文章，厘清王冕石应有的历史地位；感谢诸暨的篆刻家、印石收藏家提供自己多年来收藏的花乳石精品和用花乳石篆刻的作品，为本书的付梓提供了不竭动力和技术支撑。

本书收录诸暨王冕石品种之全，开创历史先河，可以作为研究诸暨王冕石的工具书。希望本书的出版成为诸暨王冕石研究的一个新起点，激励吾辈进一步传承和发扬王冕印石文化，让这块诸暨的文化瑰宝在历史的长河中熠熠生辉。

因编者水平所限，不足之处，敬请读者指正，有待今后研究改进。

《诸暨王冕石》编委会

2023 年 10 月

图书在版编目（CIP）数据

诸暨王冕石 / 诸暨市文学艺术界联合会，诸暨市书法家协会编 ; 杨曙主编. -- 杭州 : 西泠印社出版社，2023.9
ISBN 978-7-5508-4278-6

Ⅰ. ①诸… Ⅱ. ①诸… ②诸… ③杨… Ⅲ. ①印章—石料 Ⅳ. ①TB321

中国国家版本馆CIP数据核字(2023)第185247号

诸暨王冕石

诸暨市文学艺术界联合会　诸暨市书法家协会　编
杨 曙　主编

责任编辑　张月好　陈沐恩
责任出版　冯斌强
责任校对　曹　卓
装帧设计　王　欣　楼建锋
出版发行　西泠印社出版社
（杭州市西湖文化广场32号5楼　邮政编码　310014）
电　　话　0571-87240395
经　　销　全国新华书店
制　　版　杭州如一图文制作有限公司
印　　刷　浙江海虹彩色印务有限公司
开　　本　889mm×1194mm　1/16
印　　张　16.25
印　　数　0001—1000
书　　号　ISBN 978-7-5508-4278-6
版　　次　2023年9月第1版　第1次印刷
定　　价　398.00元